단위를 알면 **과학**이 보인다

곽영직

서울대학교 물리학과를 졸업하고 미국 켄터키 대학교 대학원에서 박사학위를 받았다. 1985년부터 수원대학교 물리학과 교수로 재직하다가 2018년 정년퇴직 후 집필과 연구 활동에 전념하고 있다. 저서로는 『이제라도! 전기 문명』, 『자연과학의 역사』, 『양자역학으로 이해하는 원자의 세계』, 『과학자의 철학 노트』, 『14살에 시작하는 처음 물리학』 등이 있으며, 옮긴 책으로는 『오리진: 우주 진화 140억 년』, 『우주의 기원 빅뱅』, 『힉스 입자 그리고 그 너머』 등이 있다.

단위를 알면 **과학**이 보인다

1판 1쇄 펴냄 2023년 7월 27일 **1판 2쇄 펴냄** 2024년 6월 1일

지은이 곽영직
펴낸이 이희주 **편집** 이희주 **교정** 김란영 **디자인** 전수련
종이 세종페이퍼 **인쇄·제본** 두성P&L
펴낸곳 세로북스 **출판등록** 제2019-000108호(2019. 8. 28.)
주소 서울시 송파구 백제고분로 7길 7-9, 1204호
https://serobooks.tistory.com/ **전자우편** serobooks95@gmail.com
전화 02-6339-5260 **팩스** 0504-133-6503

© 곽영직, 2023
ISBN 979-11-979094-4-3 03400

단위를 알면
과학이 보인다

곽영직 지음

과학의 핵심 단위와 일곱 가지 정의 상수

세로
SEROBOOKS

단위는 사물의 크기와 수량, 뜨겁고 밝은 정도, 힘의 세기 등 모든 물리량을 측정하는 기준이다. 따라서 과학, 특히 정량적인 성격이 강한 물리학에서는 단위가 무척 중요하다. 그럼에도 불구하고 우리는 단위를 그다지 신경 쓰지 않는다. 대학에서 사용하는 물리학 교과서의 맨 앞에는 단위에 대한 설명이 실려 있지만 강의할 때는 대개 그 부분을 생략하고 넘어간다. 단위에 관해서는 필요한 만큼 잘 알고 있다고 생각하기 때문이다. 마치 물과 공기가 생존에 필수적이지만 너무 당연해서 평소에는 주의를 기울이지 않는 것과 비슷하다.

그러나 단위 체계를 정밀하게 만드는 일에 전념하는 사람들이 있다. 과학과 기술이 발전하면서 그 일은 더욱더 중요해졌다. 국제도량형국(BIPM)은 기본 물리 상수를 결정하고 각국의 도량형 표준을 검증하는 국제기구이다. 4년 또는 6년마다 개최되는 국제도량형총회(CGPM)에서는 전 세계의 표준이 되는 국제단위계(SI)를 의결하고 공표하는 일을 한다. 그런데 2018년에 개최된 제26차 국제도량형총회에서 그동안 사용해 온 단위 체계를 전면적으로 개정했다. 그동안에는 길이, 시간, 질량을 비롯한 일곱 가지 기본단위의 크기를 정하고, 이를 바탕으로 다른 단위를 유도했다. 그러나 2018년 이후에는 기본이 되는 상수의 값을 먼저 정하고 이를 바탕으로 길이, 시간, 질량을 비롯한 모든 단위의 크기를 결정하기로 한 것이다.

이 결정으로 우리가 사용해 오던 단위의 크기가 바뀌는 것은 아니다. 기존 단위의 크기가 그대로 유지되도록 정의 상수의 값을 정했기 때문에, 예를 들어 1킬로그램의 질량은 2018년 이전이나 이후나 똑같다. 그러나 단위에 대한 기본 개념이 크게 달라졌다. 단위 체계와 개념의 이런 변화가 이 책을 쓰는 계기가 되었다.

책에는 과학에서 기본이 되는 중요한 단위와 상수를 상세하게 소개했다. 국제단위계에 포함되지는 않지만 과학과 실생활에서 자주 쓰이는 몇몇 단위도 포함시켰다. 단위를 소개할 때는 단위의 정의뿐 아니라 단위로 표현되는 물리량의 개념, 각 물리량과 관계있는 과학 이론을 함께 설명하여 단위의 개념과 의미를 여러 측면에서 충분히 이해할 수 있게 하였다. 과학 단위와 상수의 명칭은 관련 연구에 기여한 과학자의 이름을 딴 경우가 많다. 따라서 단위와 상수에 이름을 남긴 과학자 이야기도 함께 담았다. 본격적인 단위 이야기에 앞서 '서론'에서는 고대부터 현대적 단위 체계를 확립하기까지 인류가 단위를 사용해 온 역사를 간략하게 소개했다. 부록에는 2018년에 새롭게 개정된 국제단위계의 전체적인 체계를 정리해 놓았다.

그러므로 이 책은 과학 단위에 집중한 작은 단위 사전이자 단위로 읽는 과학의 역사라고도 할 수 있다. 어려운 이야기가 되지 않도록 노력했지만 그렇다고 필요하다고 생각되는 내용을 생략하지는 않았다. 단위를 통해 과학의 역사를 새롭게 조명하고 물리량에 숨어 있는 철학적 의미를 다시 생각해 보기 위해 쓴 이 책이, 과학을 이해하고 과학과 가까워지는 데 조금이나마 도움이 되면 좋겠다.

2023년 여름, 곽영직

차례

2장. 자연 속 상수를 찾아서

국제단위계의 기준, 일곱 가지 정의 상수

〈일러두기〉

1. 국제단위계와 관련된 내용은 한국표준과학연구원에서 2020년에 발간한 국제단위계(SI) 제9판을 참고했으며, 단위의 표기나 용어도 이 책을 따랐습니다. 예를 들어, 그동안 많은 책에서 사용해 온 '전하량'을 이 책의 표현을 따라 '전하'로 썼습니다.

2. 국제도량형국의 물리량 표기법은 '1 m'와 같이 숫자와 단위를 띄어 쓰도록 하고 있으나 한글맞춤법에서는 붙여쓰기를 허용하고 있어 이 책에서는 '1m'와 같이 숫자와 단위를 붙여 썼습니다.

3. 인명, 지명, 기관명 등은 국립국어원의 외래어 표기법에 따랐습니다. 단, 관례로 굳어진 경우 관례를 따랐습니다.

4. 책 제목은 『 』, 논문 제목은 「 」, 잡지명은 《 》, 영화나 예술 작품 제목은 〈 〉로 표기하였습니다.

단위 체계

국제도량형국 로고.
그리스 문자 'ΜΕΤΡΩ ΧΡΩ'는 'make use
of the measure(측정을 활용하라)'라는 뜻이다.

① 고대의 단위들

동양의 단위 체계, 척관법

진나라는 전국시대에 중국을 나누어 다스렸던 여섯 나라를 차례로 멸망시키고 통일을 이루었다. 진나라 왕이었던 영정贏政은 중국을 통일하고 처음으로 황제라는 명칭을 사용했기 때문에 최초의 황제라는 뜻에서 그를 시황제始皇帝, 또는 진시황秦始皇이라고 부른다. 진시황이 내세운 통일의 가장 중요한 명분은 오랫동안 전란에 시달리던 백성들을 평화로이 살게 하겠다는 것이었다.

진시황은 가장 먼저 문자를 통일하고 도량형을 통일하여 문화적 교류와 물적 교류를 원활하게 했다. 그러나 진나라는 불과 15년 만에 멸망하고, 중국은 다시 전란에 휘말리게 된다. 따라서 백성들에게 평화를 가져다주겠다던 그의 약속은 실현되지 못했다. 하지만 이후 중국을 다스리는 왕조가 여러 차례 교체되는 동안에도, 진시황이 통일한 도량형의 기본 체계는 그대로 유지되었다. 도량형은 사람들이 교류하며 살아가는 데 꼭 필요한 것이어서 왕조나 이념, 민족을 초월하기 때문이다.

중국이 통일된 도량형을 사용하자 중국과 교류하는 이웃 나라들도 차츰 중국의 도량형을 쓰기 시작했다. 이것은 중국의 정치적 영향력 때문이기도 했지만, 더 중요한 이유는 그것이 중국과의 교류가 필요했던 이들에게 경제적으로 이익이 되었기 때문이다. 민족, 종교, 이념, 국가로 나뉘어 대립하고 있는 현대에도 도량형을 통일하는 문제에서만큼은 모든 나라가 쉽게 합의에 이르는 것만 보아도 도량형의 통일이 모두에게 이로운 일임을 알 수 있다.

우리나라에서는 조선시대에 나라에서 암행어사를 파견할 때 역참에서 말을 징발할 수 있는 마패와 유척鍮尺 두 개를 주어서 보냈다. 유척은 구리로 만든 표준 자인데, 하나는 관리들이 범인을 징벌할 때 쓰는 형구의 크기를 검사하는 용도로 사용되었고, 다른 하나는 세금 징수용 용기의 크기가 정확한지 검사하는 데 쓰였다. 길이의 표준이 되는 자의 길이를 엄격하게 관리하는 것이 국가가 해야 할 가장 중요한 일 중 하나였던 것이다.

중국을 비롯한 동양의 여러 나라에서는 오랫동안 '척관법尺貫法' 단위 체계를 사용했다. 척관법에서는 길이의 단위로 자 또는 척尺, 무게의 단위로 근斤이나 관貫, 면적의 단위로는 평坪을 썼다. 시대나 지역에 따라 단위의 명칭과 크기가 조금씩 다르기는 했지만, 일반적으로 1자 또는 1척은 0.303미터, 1관은 3.75킬로그램, 1근은 0.6킬로그램이다. 한 변이 6자인 정사각형의 넓이를 나타내는 1평은 약 3.3제곱미터에 해당한다.

중국의 영향을 받은 우리나라에서도 오랫동안 척관법을 사용해 왔다. 그러다 1905년에 도량형 규칙을 제정하면서 미터법과 척관법 그리고 야드파운드법을 혼용하도록 했다. 1961년에는 미터법 통일 사업이 추진되었고, 1964년부터는 토지, 건물, 무기, 항공, 선박과 같은 특수한 분야를 제외하고는 미터법만을 사용하도록 했다. 2007년 7월부터 비법정단위의 사용이 금지됨에 따라 토지나 건물에 사용되던 평이라는 단위도 쓸 수 없게 되었다.

그럼에도 불구하고 인치나 야드, 평과 같이 미터법 체계에 속하지 않는 단위들이 여전히 쓰이고 있다. 토지나 건물을 거래할 때는 아직도 제곱미터보다 평을 더 많이 사용하고, 텔레비전의 크기를 이야기할 때는 인치를 더 많이 쓴다. 정부에서 인치 단위의 사용을 금지하자 인치라는 말 대신 42형, 65형이라고 부르는 편법이 사용되기도 한다. 단위의 통일이 필요하다는 것은 누구나 알고 있지만 오랫동안 사용해서 익숙한 단위를 쉽게 버리지 못하는 것이다.

다양하고 복잡한 서양의 단위 체계

수많은 민족과 다양한 문화가 얽혀 있는 서양은 단위의 역사가 동양보다 훨씬 복잡하다. 고대에 처음 사용된 길이의 단위는 신체 부위를 기준으로 한 것이었다. 우리가 흔히 쓰는 한 뼘, 두 뼘은 고대에도 널리 쓰였던 길이의 단위이다. 또한 고대 이집트에서는 셰세프shesep라는 길이 단위가 쓰였다. 셰세프는 엄지를 뺀 손의 폭에 해당하는 길이로, 1셰세프는 약 7.5센티미터였다. 우리나라 사람들의 손을 재 봐도 약 7.5센티미터인 것을 보면 고대 이집트인들의 손 크기가 우리와 비슷했던 모양이다.

후에 지중해 연안 지방에서는 엄지를 뺀 손의 폭을 나타내는 길이 단위를 손바닥이라는 뜻을 가진 팜palm이라고 불렀다. 그런데 1팜은 약 10센티미터로 이집트의 셰세프와 길이가 달랐다. 발의 길이를 나타내는 푸트foot(복수형은 피트feet)라는 단위도 사용되었는데, 1푸트는 3팜으로 약 30센티미터를 나타냈다. 우리나라 성인 남자의 평균 발 길이가 약 27센티미터라고 하니 당시 이 지역 사람들의 손이나 발은 우리보다 컸던 것 같다. 팜보다 작은 길이의 단위로는 손가락의 폭을 나타내는 핑거finger가 있었다. 4핑거는 1팜이었다.

하나의 통일된 국가가 아니라 여러 개의 도시 국가로 나뉘어 있던 고대 그리스에서는 지역에 따라 사용하는 팜이나 푸트의 길이가 달랐다. 고대 그리스에서 1팜은 6.7에서 8.8 센티미터 사이의 길이를 나타냈고, 1푸트는 1팜의 네 배인 27에서 35 센티미터였다. 로마가 다스리던 넓은 지역에서도 지역에 따라 약간씩 다른 길이의 팜이나 푸트가 사용되었지만, 공식적으로 1팜은 7.4

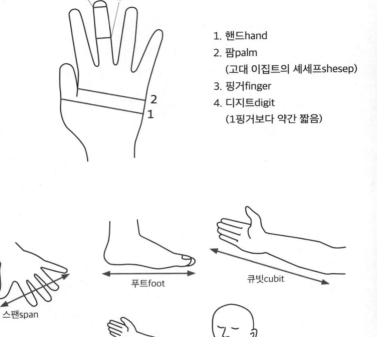

1. 핸드hand
2. 팜palm
   (고대 이집트의 셰세프shesep)
3. 핑거finger
4. 디지트digit
   (1핑거보다 약간 짧음)

스팬span

푸트foot

큐빗cubit

인치inch

패텀fattom

야드yard

신체를 기준으로 한 길이 측정 단위

센티미터에 아주 가까운 길이였고, 1푸트는 29.6센티미터였다.

팜이나 푸트 다음으로 많이 사용된 길이의 단위는 팔꿈치에서 가운데 손가락 끝까지의 길이를 나타내는 큐빗cubit이다. 큐빗은 메소포타미아, 이집트, 이스라엘을 비롯해 로마, 그리스 등 지중해 연안에 있던 거의 모든 문명에서 사용되었다. 고대 이집트 왕들의 무덤에서 1큐빗을 나타내는 자(큐빗 막대)가 많이 발굴되었는데 이들의 길이는 52.35센티미터에서 52.92센티미터 사이였다. 구약성경에는 노아의 방주 길이를 비롯해서 길이의 단위로 큐빗을 사용한 기록이 여럿 보인다. 1큐빗의 길이는 나라와 시대에 따라 달라서, 고대 그리스에서는 약 46센티미터였고, 로마시대에는 약 44.4센티미터였다. 이슬람 세계에서는 지역에 따라 1큐빗의 길이가 크게 달라 48.25센티미터에서 145.6센티미터 사이를 오갔다.

고대 그리스의 영향을 받은 지역에서는 600피트를 나타내는 스타디온stadion(복수형은 스타디아stadia)이라는 단위도 있었다. 그러나 1푸트의 길이가 지역에 따라 달랐기 때문에 스타디온 길이 역시 지방에 따라 달랐다. 학자들은 1스타디온의 정확한 길이를 알아내기 위해 많은 노력을 했고, 그 결과를 놓고 열띤 토론을 벌였다. 2200여 년 전에 알렉산드리아 도서관의 수석 사서로 있던 에라토스테네스가 지구 둘레 길이를 측정했는데, 그 길이가 25만 스타디아라고 적혀 있었기 때문이다. 그 측정치가 얼마나 정확한 값이었는지를 알기 위해서는 스타디온의 길이가 얼마였는지를 알아야 하지만 확실한 값을 알지 못하고 있다. 에라토스테네스가 측정한 지구의 둘레가 얼마나 정확했는지에 대한 논쟁은 아직도 계속되고 있다.

　무게의 단위로는 셰켈shekel과 미나mina, 그리고 달란트talent가 널리 사용되었다. 60셰켈이 1미나였고, 60미나가 1달란트였다. 무게의 단위도 길이의 단위와 마찬가지로 지역과 시대에 따라 그 크기가 달랐다. 고대 그리스에서는 1달란트가 약 26킬로그램이었지만 바빌로니아에서는 약 30.2킬로그램이었다. 신약성경에도 달란트가 자주 등장하는데 신약성경의 달란트는 약 58.9킬로그램이었다. 반면, 로마시대에 1달란트는 약 32.3킬로그램이었다.

　영국에서는 고대 그리스와 로마의 단위 체계를 바탕으로 야드파운드 단위 체계를 발전시켰다. 현재는 영국과 영연방에 속하는 대부분의 국가들도 미터법을 공식적인 단위 체계로 채택하고 있지만, 미국, 미얀마, 라이베리아 같은 나라들은 아직도 야드파운드 단위 체계를 사용한다. 특히 정치 및 경제적 영향력이 큰 미국이 계속 사용하고 있기 때문에 야드파운드 단위 체계는 미터법 단위 체계와 함께 여전히 널리 쓰이고 있다.

　야드파운드 단위 체계에서 길이의 기본단위는 야드(yd), 피트(ft), 인치(in) 그리고 마일(mi)이다. 미터법으로 환산하면 1인치는 2.54센티미터, 1피트는 30.48센티미터(12인치)이다. 1야드는 0.9144미터(36인치)이고, 1마일은 약 1.609킬로미터(1760야드)이다. 야드파운드 단위 체계에서 면적을 나타내는 에이커(acre)는 약 4046.86제곱미터로, 대략 1224.17평에 해당한다.

야드파운드 단위 체계에서 무게의 단위는 온스(oz)와 파운드(lb)인데, 이들 단위는 오늘날에도 많이 쓰인다. 미터법으로 환산하면 1온스는 약 28.35그램이고, 1파운드는 약 453.6그램(16온스)이다. 미터법의 질량 단위와 이름이 같은 톤(t)이라는 단위도 있다. 야드파운드 체계에서 1톤은 약 1016킬로그램을 나타내는 단위로, 미터법에서 1000킬로그램을 나타내는 톤과 다르다.

시간의 단위

길이나 무게의 단위만큼 기본적인 단위 중 하나가 시간의 단위이다. 길이나 무게의 단위가 인위적인 방법으로 정해진 것과는 달리, 인류는 오래전부터 일정한 주기로 반복되는 자연현상을 시간의 단위로 사용해 왔다. 지구는 자전축을 중심으로 하루에 한 번 자전하면서 타원 궤도를 따라 1년에 한 번씩 태양 주위를 공전하고, 달은 지구 주위를 한 달에 한 번씩 공전한다. 이에 따라 태양을 비롯한 천체들이 지구 주위를 하루에 한 바퀴씩 돌고 있는 것처럼 보이는데, 이를 일주운동이라고 한다. 한편 별자리들은 1년에 한 번씩 서쪽에서 동쪽으로 돌고 있는 것처럼 보이는 데, 이를 연주운동이라고 한다. 인류는 오래전부터 일주운동과 연주운동을 바탕으로 시간의 흐름을 측정하는, 여러 가지 역법을 발전시켰다.

역법은 일주운동의 주기를 나타내는 '하루'와 연주운동의 주기를 나타내는 '년', 그리고 달의 공전 주기를 나타내는 '월'을 어떻게 조화하느냐 하는 이론이다. 하루와 한 달 그리고 1년의 길이가 정수비를 이룬다면 달력을 만드는 역법이 간단했을 것이다. 그러나 달의 공전 주기인 한 달은 약 28.3일이고, 1년은 약 365.2425일이므로 하루와 한 달과 1년을 조화롭게 나타낸 달력을 만들기란 쉬운 일이 아니었다. 따라서 태양의 운동을 중심으로 한 태양력, 달의 운동을 중심으로 한 태음력, 그리고 태음력에 태양력의 요소를 추가한 태음태양력 등 다양한 형태의 달력이 만들어졌다.

태양력은 태양의 겉보기운동을 중심으로 하여 만든 역법이다. 지구가 태양 주위를 1년에 한 번 공전하므로 지구에서 보면 태양이 고정되어 있는 별자리 사이를 서쪽에서 동쪽으로 1년에 한 바퀴씩 도는 것처럼 보인다. 이것이 태양의 겉보기운동이다. 태양력은 고대 이집트, 페르시아, 로마 시대부터 사용되었다. 그러나 태양력은 계절의 변화는 잘 나타낼 수 있지만 달의 움직임을 포함하지 않아 조석현상과 같이 달과 관련된 현상을 나타낼 수 없다.

태음력은 달의 운동을 바탕으로 만들어진 역법이다. 태음력에서는 달이 보이지 않는 삭朔에서 다음 삭까지의 주기인 삭망월을 한 달로 정한다. 삭망월은 29.53059일이므로 태음력에서는 29일인 달과 30일인 달이 번갈아 오며 1년은 354일이 된다. 태음력은 지구의 공전운동을 고려하지 않았기 때문에 계절의 변화를 나타낼 수 없다. 하지만 달의 주기를 중요시하는 이슬람교에서는 태음력을 사용한다.

태음력에 계절의 변화를 나타내는 24절기를 추가하고, 윤달을 넣어 태양의 운동을 고려한 것이 태음태양력이다. 우리가 흔히 음력이라고 부르는 것이 바로 태음태양력이다. 24절기 중 한 달의 앞에 오는 것을 절기, 뒤에 오는 것을 중기라고 하는데, 절기와 중기를 번갈아 넣다 보면 한 달(음력)에 절기만 있고 중기는 없는 무중월이 생긴다. 현재 우리가 사용하는 음력에서는 무중월의 다음 달을 윤달로 하고 있다(무중치윤법). 우리나라는 1896년 1월 1일 이전까지는 태음태양력을 사용했지만, 갑오개혁에 따라 1896년부터 태양력인 그레고리력을 공식적인 역법으로 사용하기 시작했다. 그러나 아직까지도 설날이나 추석과 같은 명절은 태음태양력을 사용해 계산하고 있다.

이 모든 역법에서 기본이 되는 시간의 단위는, 태양이 지평선 위로 떠오를 때부터 다음 날 다시 태양이 떠오를 때까지의 시간을 나타내는 하루(day)이다. 그러나 태양이 지평선에 떠오르거나 지는 시간은 지구상에서의 위치와 고도에 따라서 달라지므로 태양의 고도가 가장 높을 때부터 다음 날 다시 태양의 고도가 가장 높을 때까지의 시간을 하루로 정하는 것이 편리하다. 하지만 그렇게 되면 날짜가 정오에 변해서 불편하므로 편의상 자정부터 다음 자정까지를 하루로 정하여 사용하고 있다.

그러나 하루의 길이도 측정하는 방법에 따라 달라진다. 태양일은 태양의 고도가 가장 높았을 때부터 다음번 태양의 고도가 가장 높았을 때까지의 시간이다. 그러니까 태양을 기준으로 한 지구의 자전 주기가 태양일이다. 그런데 지구가 타원 궤도를 따라 공전하면서 태양으로부터의 거리에 따라 공전 속력이 달라지기 때문에 태양을 기준으로 한 자전 주기도 계절에 따라 달라진다. 그래서 1년 동안 평균한 평균 태양일의 길이인 8만 6400.002초를 사용한다. 1년은 365.2421875 평균 태양일이다. 한편, 항성일은 멀리 있는 별에 대하여 태양이 같은 위치에 오는 시간을 나타낸다. 다시 말하면, 멀리 있는 별들을 기준으로 한 지구의 자전 주기가 항성일이다. 1항성일은 1태양일보다 짧아 23시간 56분 4.09초이다. 일상생활에서는 태양을 중심으로 측정한 태양일을 사용하지만 천문학에서는 항성일을 사용하는 것이 편리하다.

인류는 오래전부터 하루를 24시간으로 나누고, 한 시간을 60분으로 나누었으며, 1분은 다시 60초로 나누는 시간 계산법을 사용해 왔다. 따라서 1초는 평균 태양일의 8만 6400분의 1을 나타낸다.

율리우스력과 그레고리력

현재 전 세계적으로 널리 사용되고 있는 역법은 태양력인 그레고리력이다. 그레고리력이 만들어지기 전까지 서양에서는 로마의 율리우스 카이사르가 기원전 46년에 제정한 율리우스력을 썼다. 율리우스력에서는 4년마다 2월에 윤일을 추가해 29일로 했다. 따라서 율리우스력에서 한 해의 길이는 평균 365.25일이 되어 지구의 공전 주기 365.2422일보다 매년 11분 14초가 길었다. 이렇게 되면 128년에 1일 정도 차이가 난다.

325년에 개최된 교회 회의에서는 춘분을 3월 21일로 하고, 이를 기준으로 부활절(춘분으로부터 15일이 지난 다음에 오는 첫 일요일)을 정했다. 그러나 1250년이 되자 10일이 빨라져 3월 11일이 춘분이 되었다. 부활절이 절기와 맞지 않게 된 것이다. 이런 문제를 해결하기 위해 교황 그레고리우스 13세가 1582년 10월 4일 새로운 역법을 공포했다. 이것이 그레고리력이다.

그레고리력의 주요 내용은 다음과 같다. 첫째, 1582년 10월 4일 다음 날을 1582년 10월 15로 한다. 이로 인해 1582년 10월 5일부터 10월 14일까지 10일은 역사에 존재하지 않는 날이 되었다. 둘째, 4년마다 하루씩 윤일을 넣되 100으로 나누어지는 해는 윤일을 넣지 않는다. 단, 400으로 나누어지는 해는 윤일을 넣는다. 이렇게 하면 그레고리력에서 일 년의 길이는 365.2425일이 되어 지구의 공전 주기 365.2422일보다 0.0003일이 길어진다. 따라서 그레고리력도 1만 년이 지나면 3일 정도의 차이가 나지만 율리우스력에 비하면 간극이 훨씬 적다.

현재 대부분의 국가에서는 그레고리력을 사용하고 있다. 그러나 그레고리력이 제정된 직후부터 모든 나라가 그레고리력을 사용한 것은 아니었다. 가톨릭 국가들은 1년 안에 대부분 그레고리력을 시행했지만, 개신교 국가들은 18세기 초가 되어서야 그레고리력을 사용하기 시작했고 동방 정교회 국가들은 20세기 초까지도 율리우스력을 사용했다.

영국은 1752년 9월 2일 다음 날을 9월 14일로 하여 그레고리력을 채택했고, 러시아는 러시아 혁명 직후 1918년 1월 31일 다음 날을 2월 14일로 하여 그레고리력을 사용하기 시작했다. 우리나라는 1895년 음력 9월 9일에 그레고리력을 채택하기로 결정하고 1895년 음력 11월 17일을 1896년 1월 1일로 바꾸었다. 이렇게 나라마다 사용하는 역법이 달랐기 때문에 역사 기록에 많은 혼란이 생겼다. 한 예로 뉴턴이 태어난 날은 1642년 12월 25일로 알려져 있지만 이 날짜는 당시 영국이 사용하던 율리우스력 기준이고, 그레고리력으로는 1643년 1월 4일이 된다.

많은 문헌에서 뉴턴이 태어난 해를 갈릴레이가 죽은 해와 같은 1642년으로 기록하고 있다. 그러나 당시 갈릴레이가 살던 이탈리아는 그레고리력을 사용하고 있어서 두 나라의 역법이 달랐으므로 갈릴레이가 죽던 해에 뉴턴이 태어난 것은 아니다. 뉴턴이 사망한 연대 역시 율리우스력에 의하면 1726년 3월 20일이고, 그레고리력으로는 1727년 3월 31일이다. 율리우스력에서는 새해가 1월 1일이 아니라 3월 25일부터 시작되었기 때문이다. 현재 대부분의 문헌에서는 뉴턴이 사망한 해를 1727년으로 적고 있다.

기존의 단위와 새로운 단위

측정 단위를 누구나 쉽게 사용할 수 있도록 정확하면서도 편리하게 정의하고, 모든 국가가 사용하는 단위를 통일하는 일은 매우 중요하다. 과학과 기술이 발전함에 따라 단위를 정확하게 정의하고 측정하는 분야에도 큰 발전이 있었지만 단위를 통일하는 일에서는 여러 가지 어려움을 겪고 있다. 현재 세계 대부분의 나라가 국제단위계(SI)를 공식적인 단위계로 채택하고 있지만 일상생활에서는 여전히 오래전부터 관습적으로 사용해 온 단위를 사용하고 있는 경우가 많다.

미국도 다른 나라와 마찬가지로 국제단위계를 공식적인 단위로 채택하고 있지만 일상생활에서는 아직도 야드파운드 단위체계가 더 많이 쓰인다. 도로의 속도 제한 표지판이 모두 마일로 표시되어 있으며, 인기 스포츠인 미식축구나 골프에서도 거리 단위로 야드를 쓰고 있다. 그런가 하면 권투 선수나 레슬링 선수의 몸무게를 이야기할 때는 파운드를 사용한다. 온도의 단위도 다른 나라에서는 잘 사용하지 않는 화씨온도(°F)를 주로 쓴다. 이로 인해 미국을 여행하는 사람들이 불편을 겪을 뿐만 아니라, 때로는 엄청난 사고의 원인이 되기도 한다.

1998년 12월에 지구를 떠난 화성 탐사선 마스클라이미트 오비터(MCO)는 화성의 기후, 대기 환경, 그리고 화성 표면의 변화를 조사할 예정이었다. 그러나 순조롭게 화성까지의 여행을 마친 후 예정했던 궤도에 진입하기 위해서 역추진 로켓을 작동해 속력을 낮추는 순간 갑자기 통신이 두절되었고, 그것으로 모든 것이 끝나 버렸다. 이후에 밝혀진 실패의 원인은 전혀 뜻밖의 것이었다.

탐사선을 운용한 제트추진연구소와 탐사선을 제작한 록히드마틴사가 사용한 단위가 서로 달랐던 것이다. 록히드마틴이 탐사선의 화성 궤도 진입을 위해 제공한 소프트웨어는 야드파운드 단위 체계를 사용했는데, 제트추진연구소는 미터법 단위를 사용하여 계산한 값을 입력했다. 이 때문에 탐사선이 잘못된 경로로 들어가 부서져 버린 것이다. 이 사고는 단위의 통일이 얼마나 중요한지를 보여 주는 대표적인 사례이다.

이런 어처구니없는 사고를 겪었는데도 불구하고 미국에서

아직도 야드파운드 단위 체계가 널리 사용되고 있는 것이나, 우리나라에서 돈이나 근, 평과 같은 단위들이 여전히 쓰이는 것을 보면 단위가 우리 생활 속에 얼마나 깊숙이 뿌리내리고 있는지, 새로운 단위에 적응하는 것이 얼마나 어려운지를 알 수 있다.

②
현대적 단위 체계의
발전 과정

미터의 탄생

1789년 프랑스 대혁명을 통해 정권을 잡은 혁명정부는 1791년 프랑스 과학 아카데미에 측정 체계를 정리하기 위한 도량형위원회를 설치했다. 위원회는 영국의 성직자이자 왕립학회 창설에 중요한 역할을 했던 존 윌킨스와 프랑스의 수도원장 무통의 제안을 수용하여, 지구 적도에서 북극까지의 거리를 바탕으로 하여 길이의 단위를 정하는 작업에 착수했다. 신체 일부분의 길이를 기준으로 하는 단위보다 지구의 크기를 기준으로 하는 단위가 많은 나라들이 공통적으로 사용하기에 더 용이할 거라고 생각했기 때문이다.

1791년 3월에 도량형위원회는 파리를 지나는 자오선을 따라 적도에서 북극까지 길이의 1000만 분의 1을 길이의 단위로 하기로 결정했다. 1792년 7월에는 이 길이의 단위를 미터metre(m)라고 명명했으며, 면적의 단위는 아르are, 부피의 단위는 리터litre, 질량의 단위는 그레이브grave로 결정했다. 1아르는 100제곱미터로, 가로 세로의 길이가 각 10미터인 정사각형의 넓이에 해당한다. 1리터는 0.001세제곱미터이며, 이는 가로세로 높이가 각각 0.1미터인 정육면체의 부피와 같다. 1그레이브는 섭씨 0도인 물 1리터의 질량으로 정의되었다. 1795년에 프랑스 정부는 질량의 단위를 그레이브 대신, 순수한 물 1세제곱센티미터의 어는점에서의 질량을 일컫는 그램(g)과 10^3을 뜻하는 접두어 k를 이용하여 나타내도록 했다. 따라서 1그레이브는 1킬로그램(kg)이라고 부르게 되었다. 이후 물의 밀도에 관한 연구가 깊어지면서 킬로그램의 기준은 섭씨 4도인 물의 질량으로 바뀌었다.

프랑스 과학 아카데미의 결정에 의해 장 바티스트 달랑베르Jean-Baptiste d'Alembert와 피에르 메생Pierre Méchain이 이끄는 탐사팀이 1792년부터 1799년까지 7년 동안 프랑스 북부에 있는 항구 도시 됭케르크의 종탑에서부터 스페인 바르셀로나에 있는 몬주익성까지의 거리를 측정했다. 됭케르크에서 바르셀로나까지의 거리는 적도에서부터 북극까지 거리의 반에 해당한다.

1799년 6월에 측정한 지구 자오선의 길이(실제로는 자오선의 8분의 1 길이)와 1700년대 중반에 에콰도르에서 실시한 적도 지방에서의 위도 사이의 거리 측정 결과를 바탕으로 1미터 길이가 확정되었다. 곧이어 백금 재질의 미터원기가 제작되었고, 함께

프랑스 국립고문서박물관, 파리 소재. ©Ludovic Péron/ CC BY-SA 3.0

제작된 킬로그램원기와 같이 프랑스 국립고문서박물관Musée des Archives Nationales에 보관되었다. 1미터라는 길이 단위와 1킬로그램이라는 질량 단위의 기준이 정해진 것이다. 이 미터원기와 킬로그램원기는 보관 장소의 이름을 따서 메트르 데 자르시브Metre des Archives라고 불렸다.

1799년에는 두 개의 백금 미터원기와 철로 만든 12개의 미터원기가 제작되었는데, 이 중 하나는 미국으로 보내져 1890년까지 미국 해안선 조사위원회의 표준 원기로 사용되었다. 1799년에 프랑스는 미터법 체계를 사용할 것을 규정한 법률을 제정했다. 그러나 미터법 체계를 좋아하지 않았던 나폴레옹은 1812년에 미터법을 폐지하고 예전의 단위들을 사용하도록 했다.

몇 가지 새로운 단위들

1800년대에 수학과 측량 기술이 발전하면서 지구의 크기와 모양을 좀 더 정확하게 측정할 수 있게 되었다. 1816부터 1855년 사이에는 독일 출신으로 러시아에서 활동했던 프리드리히 폰 스트루베Friedrich Wilhelm von Struve의 주도로 지구의 정확한 크기를 알아내기 위해 노르웨이의 함메르페스트에서 우크라이나의 흑해에 이르는 2820킬로미터의 거리를 측정했다. 이때 측정을 하면서 곳곳에 설치한 표지판과 기념물은 2005년 유네스코의 세계유산 목록에 등재되었다. 스트루베의 측정으로 1미터의 길이가 바뀌지는 않았다. 하지만 자오선의 길이가 지역에 따라 조금씩 다르다는 것을 알게 되었다.

1791년에 도량형위원회에서 미터를 공식적인 길이의 단위로 정할 때 시간의 단위도 10의 배수로 정하려는 시도가 있었다. 그러나 기존에 사용해 온 초라는 단위가 60진법으로 정의되어 있었기 때문에 10진법으로 환산하는 데 어려움이 있었다. 다시 말해 하루를 10시간, 한 시간을 10분으로 정하면 한 시간은 8640초가 되고, 1분은 864초가 되어 사용하기에 불편해진다. 그래서 1초보다 큰 시간은 24시간, 60분, 60초로 나누는 시간 단위를 그대로 사용하게 되었다. 그러나 과학 분야에서 자주 사용하는, 1초보다 작은 시간을 나타내는 밀리초(1000분의 1초), 마이크로초(100만 분의 1초)는 10진법을 이용하여 나타낸다.

1832년에는 지구 자기장을 연구한 독일의 수학자 카를 프리드리히 가우스가 시간의 단위인 초를 미터, 킬로그램과 함께 기본단위로 설정하자고 제안했다. 그가 제안한 단위 체계는 센티미터(cm), 그램(g), 초(s)를 기본단위로 하는 단위 체계였다. 1836년에 가우스는 지리학자이자 자연과학자인 알렉산더 훔볼트Alexander von Humboldt, 물리학자인 빌헬름 베버와 함께 최초의 측지학 국제 협회인 자기협회Magnetischer Verein를 설립했다. 이후 지구 자기장과 중력장을 정확하게 측정하기 위한 국제 협의체들이 설립되었다.

지구에 관한 측정이 정밀해지자 1799년에 측정한 (파리를 지나는) 자오선의 거리가 다른 여러 곳을 지나는 자오선들의 거리를 평균한 값보다 짧다는 것을 알게 되었다. 그것은 미터원기가 지구 적도에서 북극까지의 실제 자오선 길이의 1000만 분의 1보다 짧다는 것을 의미했다. 따라서 몇몇 사람들은 미터원기를 교체해야 한다고 주장했지만, 그 주장은 받아들여지지 않았다. 한번 정해진 길이의 단위를 바꾸는 것은 단순히 미터원기를 새로 제작하는 것 이상으로 어려운 일이었기 때문이다.

빛의 밝기를 나타내는 단위도 정해졌다. 1860년 영국은 경랍鯨蠟, spermaceti으로 만든 76그램짜리 양초를 일정한 비율로 태울 때 나오는 빛의 밝기를 1촉광candlepower으로 정했다. 향유고래의 두강head cavity에서 채취한 경랍은 한때 고급 양초를 만드는 재료로 널리 사용되었다. 같은 시기에 프랑스에서는 유채 기름으로 불을 밝히는 카셀 램프가 내는 빛의 밝기를 1카셀carcel로 정해서 사용했다. 1카셀은 대략 10촉광과 같은 밝기였다.

미터협약과 국제단위계의 확립

1870년대가 되자 새로운 길이의 기준을 정하기 위한 국제 학술 회의가 잇달아 개최되었다. 이러한 노력 끝에 1875년에 프랑스 주도로 17개 나라가 참여한 미터협약이 체결되었다. 또한 미터협약에 의해 국제도량형총회(CGPM), 국제도량형위원회(CIPM), 국제도량형국(BIPM)이 만들어졌다.

회원국 대표들로 구성된 국제도량형총회는 통상 4년마다 개최되며 도량형에 관한 모든 안건을 최종 결정하는 최고 의사 결정 기구이다. 국제도량형위원회는 서로 다른 회원국 출신의 과학자 18명으로 구성된 자문기구로, 매년 1회 회의를 개최한다. 국제도량형위원회 산하에는 기술적인 문제를 자문하는 여러 개의 자문위원회(CC)가 있는데, 단위와 관련된 문제는 단위자문위원회(CCU)에서 다룬다. 단위자문위원회의 권고안은 국제도량형위원회의 검토를 거쳐 국제도량형총회에서 최종 결정된다. 프랑스 세브르Sèvres에 있는 국제도량형국 본부는 새로운 미터원기를 제작해 보관하고, 여러 나라에 분배하며, 다양한 길이의 단위들과 비교하는 일을 했다. 또한, 국제도량형위원회의 감독하에 물

킬로그램원기.

리량을 측정하고 표준을 정하는 데 필요한 연구를 하는 상설 연구소이기도 하다.

제1차 국제도량형총회는 1889년에 개최되었다. 이때 90퍼센트의 백금과 10퍼센트의 이리듐 합금으로 만든 미터원기와 킬로그램원기를 각각 30개와 40개 만들어 그중 하나를 임의로 선정해 예전의 미터원기와 킬로그램원기를 교체하고 나머지를 회원국들에게 분배했다. 17개국으로 시작한 미터협약은 현재 60개국의 회원국과 42개 준회원국으로 늘어났다. 우리나라는 1959년에 미터협약에 가입했다.

한편, 1874년에 영국의 제임스 클러크 맥스웰과 윌리엄 톰슨(켈빈 경)은 영국과학진흥협회(BAAS, British Association for the Advancement of Science)의 감독 아래 센티미터, 그램, 초를 기초로 하는 CGS 단위 체계를 확립했다. 이것은 1832년에 가우스가 했던 제안을 바탕으로 삼은 것이었다. CGS 단위 체계에서는 길이의 단위로 센티미터(cm), 질량의 단위로 그램(g), 시간의 단위로 초(s), 에너지의 단위로 에르그(erg), 힘의 단위로 다인(dyne), 압력의 단위로 바(bar)를 사용했다. CGS는 cm, gram, sec의 머리글자를 딴 것이다.

1초의 크기도 다시 정의되었다. 태양을 기준으로 한 지구의 자전 주기가 계절에 따라 달라서 자전 주기를 바탕으로 하루의 길이와 1초의 크기를 정하는 데 문제가 있었다. 따라서 1900년 1월 1일부터 지구의 공전 주기를 기준으로 삼아, 1초는 1태양년의 3억 1559만 6925.9747분의 1로 정해졌다.

1901년에는 이탈리아의 물리학자이자 전기공학자였던 조반니 조르지Giovanni Giorgi가 길이, 질량, 시간의 세 가지 기본단위에 더해서 전류·전압·저항 중 하나를 네 번째 기본단위로 정하자고 제안했다. 이 제안에 따라 전류의 단위인 암페어(A)가 기본단위로 채택되었고, 미터(m), 킬로그램(kg), 초(s), 암페어(A)를 바탕으로 하는 MKS 단위 체계가 만들어졌다. MKS는 meter, kilogram, sec의 머리글자를 딴 것이다. 공학 분야에서부터 CGS 단위 체계를 대체하기 시작한 MKS 단위 체계가 국제단위계의 기반이 되면서 CGS 단위 체계의 사용은 줄어들었다. 그러나 1970년대의 과학 교과서에는 MKS 단위 체계와 CGS 단위 체계가 함께 사용되는 경우가 많았다.

1948년에 열린 제9차 국제도량형총회에서는 미터협약에 가입한 모든 나라에서 사용할 수 있는 실용적인 단일 단위 체계를 연구하기로 했으며, 기본단위에 붙여 사용하는 접두어의 종류와 명칭을 결정했다. 1954년에 개최된 제10차 국제도량형총회는 이 연구 결과를 바탕으로 길이의 단위인 미터(m), 질량 단위인 킬로그램(kg), 시간 단위인 초(s), 전류의 단위인 암페어(A)에 온도의 단위인 켈빈(K)과 밝기의 단위인 칸델라(cd)를 더해서 총 여섯 개를 기본단위로 할 것을 권고했다.

1960년에 개최된 제11차 국제도량형총회에서는 1948년부터 시작된 12년 동안의 연구 결과를 종합하여 여섯 개의 기본단위에 물질의 양을 나타내는 몰(mol)을 추가한 일곱 개를 기본단위로 하는 국제단위계(SI, Le Système International d'Unités)를 최종 결정했다. 그리고 1미터를 크립톤-86 동위원소가 특정한 에너지 준위 사이에서 전이할 때 방출하는 전자기파 파장의 165만 763.73배로 새롭게 정의했다. 이로써 인위적으로 만든 미터원기 대신 자연현상이 미터의 새로운 기준이 되었다.

1967년에 개최된 제13차 국제도량형총회에서는 큰 측정 오차를 포함하고 있는 지구의 자전 주기나 공전 주기 대신, 바닥상태ground state(양자역학적으로 에너지가 가장 낮은 상태)에 있는 세슘-133 원자가 내는 전자기파가 91억 9263만 1770회 진동하는 데 걸리는 시간을 1초로 새롭게 정의했다. 밝기의 단위인 1칸델라는 백금이 녹는 온도(1768℃)와 같은 온도의 흑체blackbody 60만 분의 1제곱미터에서 방출하는 빛의 밝기로 재정의되었다. 그러나 1칸델라는 1979년에 개최된 제16차 국제도량형총회에서 진동수가 540×10^{12}헤르츠(Hz)인 단색광이 스테라디안(sr)당 $\frac{1}{683}$와트(W)의 에너지를 방출할 때의 광도로 다시 정의되었다.

1983년에 개최된 제17차 국제도량형총회에서는 1미터를 빛이 진공 중에서 2억 9979만 2458분의 1초 동안 진행한 거리로 재정의했다.

   이러한 변화를 거쳐, 2018년 제26차 국제도량형총회는 SI 기본단위를 새로운 방법으로 정의하고 세계 측정의 날인 2019년 5월 20일부터 새로운 정의를 적용하기로 결정했다. 앞서 살펴본 것처럼 2018년 이전에 이미 초나 미터는 특정한 전자기파의 진동수나 빛의 속력을 이용하여 정의되었다. 이는 자연에서 변하지 않는 상수를 이용해 초나 미터를 보다 정밀하게 정의하기 위한 것이었다.

   그러나 2018년에 개최된 제26차 국제도량형총회에서는 기본단위를 정하는 방법뿐만 아니라 기본단위의 철학적 의미도 바꾸어 놓았다. 빛의 속력을 비롯한 일곱 가지 정의 상수의 값을 먼저 정하고, 이들 상수가 그런 값을 가지도록 다른 단위의 크기를 정하기로 하면서 일곱 가지 정의 상수의 값이 오차 없는 불변량이 된 것이다. 그러므로 이들 상수의 값을 보다 정밀하게 측정하려는 노력은 더 이상 필요 없게 되었다. 이제 우주에서 일어나는 모든 일은 일곱 가지 정의 상수를 기준으로 나타낼 수 있다. 일곱 가지 정의 상수에 대해서는 2장에서 자세하게 다루고, 새롭게 정의된 SI 단위에 대해서는 부록에 정리해 놓았다.

1장

과학자는 죽어서
단위를 남긴다

과학의 기초, 이름 있는 단위들

자연과학은 물리량을 측정하고, 측정된 물리량 사이의 관계를 밝혀내는 학문 분야이다. 물리량 사이의 관계를 물리법칙 또는 자연법칙이라고 한다. 따라서 물리량의 측정은 과학 활동과 연구의 기초가 된다. 수학에서의 각도나 도형의 넓이 등과는 달리 과학에서 사용하는 시간이나 질량과 같은 물리량은 그것이 무엇을 의미하는지를 정확하게 정의하기 어렵다. 대신에 우리는 이런 양들을 측정하는 객관적인 방법을 알고 있다. 다시 말해, 물리량은 객관적인 측정 방법이 제시되어 있는 양이다. 자연과학을 경험 과학 또는 실험 과학이라고 부르는 것은 이 때문이다.

물리량을 측정하고, 측정한 양들을 비교하려면 통일된 단위를 사용해야 한다. 그리고 모든 사람이 사용하는 통일된 단위가 되기 위해서는 확실한 단위의 기준이 필요하고, 누구나 실험을 통해 확인할 수 있어야 한다. 19세기 이후 인류는 통일된 단위 체계를 만들고 좀 더 정밀한 기준을 설정하기 위해 노력해 왔고, 그 결과 국제단위계(SI)가 확립되었다.

물리량	시간	길이	질량	전류	온도	물질량	광도
단위	초 s	미터 m	킬로그램 kg	암페어 A	켈빈 K	몰 mol	칸델라 cd

SI 기본단위

국제단위계의 일곱 가지 기본단위는 초(s), 미터(m), 킬로그램(kg), 암페어(A), 켈빈(K), 몰(mol), 칸델라(cd)이다. 과학에서 쓰이는 물리량들은 모두 기본단위나 기본단위들로부터 유도된 유도단위로 표현된다. 기본단위 중 암페어와 켈빈, 그리고 대부분의 유도단위는 과학자의 이름을 따서 명명되었다. 과학자의 이름이 단위가 되는 과정은 단위에 따라 다르다. 일부 과학자 그룹이 사용하기 시작한 것이 국제도량형총회의 결의에 따라 정식 명칭으로 결정된 경우도 있고, 국제도량형총회에서 과학자의 업적을 기리기 위해 단위에 그 이름을 붙인 경우도 있다. 어느 쪽이든, 단위에 이름을 남긴 과학자는 해당 단위나 물리량과 관련한 연구에 중요한 업적을 남긴 인물이다. 따라서 그러한 과학자들의 업적과 일생을 살펴보는 일은 단위의 의미를 정확하게 이해하는 데 도움이 될 뿐만 아니라, 과학 전체의 흐름을 파악하는 데도 보탬이 된다.

이 장에서는 자연과학의 기초를 이루고 있는 주요 단위 18개를 각기 세 부분으로 나누어 상세히 소개한다. 첫 부분에서는 단위로 표현되는 물리량과 관련된 과학 이론 및 단위가 설명되는 과정을 살펴보고, 두 번째 부분에서는 단위의 정의와 쓰임을 알아본다. 이어서 단위에 이름을 남긴 과학자의 생애와 업적을 소개한다.

N 뉴턴

Isaac Newton

아이작 뉴턴(1642~1727)

힘의 세기를 나타내는 단위.

영국의 물리학자 아이작 뉴턴의 이름을 땄다.

1N은 질량이 1킬로그램(kg)인 물체를

1m/s²으로 가속시키는 힘이다.

SI 유도단위이며, 기본단위로 나타내면 다음과 같다.

$$N = \frac{kg \cdot m}{s^2}$$

힘의 새로운 정의와 근대 과학의 시작

우리는 일상생활에서 힘이라는 말을 자주 사용한다. "오늘은 할 일이 많아 힘든 하루였다." "요즘 날씨가 더워서 힘들지?" "힘들면 쉬어 가세요." 그러나 이때의 힘과 물리학에서 이야기하는 힘은 차이가 있다. 일상생활에서 힘이라는 말은 폭넓게 쓰이는 반면, 물리학에서 힘은 질량과 가속도의 곱으로 명확하게 정의되어 있다. 1687년에 과학의 역사상 가장 중요한 책인 『자연철학의 수학적 원리*Philosophiae Naturalis Principia Mathematica*』(흔히 줄여서 '프린키피아'라고 한다)를 통해 힘을 정확하게 정의한 사람은 영국의 과학자 아이작 뉴턴이다.

고대 그리스에서 완성된 고대 과학에서는 힘이 물체를 움직이게 하는 원인이라고 생각했다. 다시 말해 물체에 힘을 가하면 물체가 움직이고, 힘을 가하지 않으면 움직이지 않는다고 생각했다. 지구가 우주의 중심에 정지해 있다고 믿었던 시대에는 이런 생각을 바탕으로 우리 주위에서 일어나는 자연현상을 그런대로 설명할 수 있었다.

그러나 지구가 태양 주위를 빠르게 공전하고 있다는 것이 밝혀지자 물체가 움직이기 위해서는 힘이 가해져야 한다는 설명

N

을 더 이상 받아들일 수 없게 되었다. 아무런 힘도 가해지지 않는 지구상에 있는 물체들이 지구와 함께 태양 주위를 도는 것을 설명할 수 없었던 것이다. 망원경 관측을 통해 지구가 태양 주위를 빠른 속력으로 돌고 있다는 것을 밝혀낸 이탈리아의 갈릴레오 갈릴레이는, 운동 중에는 힘을 가하지 않아도 계속되는 운동이 있다고 주장하기도 했다. 갈릴레이는 지표면과 평행한 방향으로 달리는 운동을 힘이 필요 없는 '관성 운동'이라고 했다. 그러나 갈릴레이의 설명은 완전한 것이 아니었다.

뉴턴은, 힘은 운동을 계속하기 위해 필요한 것이 아니라 운동 상태를 바꾸기 위해 필요한 것이라고 힘을 새롭게 설명했다. 이에 따르면, 물체에 힘을 가하면 물체의 운동 상태가 변한다. 역으로, 물체의 운동 상태가 변한다는 것은 힘이 작용하고 있음을 뜻한다. 운동 상태가 변한다는 것은 물체의 속력이나 운동 방향이 달라진다는 의미다.

힘의 작용으로 운동 상태가 변하는 경우는 주위에서 쉽게 찾아볼 수 있다. 아래로 떨어지는 물체에는 중력이 작용하기 때문에 속력이 점점 빨라진다[뉴턴 이전에는, 물체가 아래로 떨어지는 것은 물체가 지구 중심(우주 중심)으로 다가가려는 성질이 있기 때문이라고 설명했다]. 힘껏 밀어낸 공이 굴러가다가 멈추는 것은 마찰력이 작용하기 때문이다[뉴턴 이전에는, 공이 굴러가다가 멈추는 것은 더 이상 힘이 작용하지 않기 때문이라고 설명했다]. 달이 멀리 달아나지 않고 지구 주위를 도는 것은 지구와 달 사이에 작용하는 중력이 달의 운동 방향을 계속 바꿔 놓기 때문이다[뉴턴 이전에는, 달을 비롯한 천체는 원운동을 하려는 성질이 있기 때문이라고 설명했다].

물체의 모양을 바꾸는 것이 힘이라고 설명하는 경우도 있다. 그런데 물체의 모양이 바뀌는 것도 운동 상태가 바뀌어서 나타나는 현상이다. 물체가 일정한 모양을 유지하는 것은 물체를 이루고 있는 분자들 사이에 작용하는 힘이 균형을 이루고 있기 때문이다. 물체에 힘이 가해지면 분자들 사이에 힘의 균형이 무너져 분자가 움직이게 된다. 분자가 이동해 새로운 균형 상태가 되면 더 이상 운동이 일어나지 않는다. 이것을 힘에 의해 물체의 모양이 달라진다고 표현하는 것이다. 따라서 힘은 물체의 운동 상태를 바꾸는 것이라고 하면 충분하다.

뉴턴은 힘이 운동 상태를 바꾼다는 표현 대신 '힘이 운동의 양을 바꾼다'고 했다. 운동의 양은 질량(m)과 속도(v)를 곱한 것으로, 후에 운동량이라고 부르게 되었다(운동량은 보통 p로 나타내며, 식으로 쓰면 $p = mv$이다). 힘과 운동량은 뉴턴역학에서 핵심적인 물리량이다. 힘이 가해지면 운동량이 달라지지만 힘이 가해지지 않으면 운동량이 변하지 않는다. 외부에서 힘이 가해지지 않으면 운동량이 변하지 않는 것을 '운동량 보존 법칙'이라고 한다.

한편, 운동 상태가 바뀌는 것을 '가속도'라고 한다. 일상생활에서는 주로 속력이 커지는 경우에만 가속도라고 하지만 물리학

N

에서는 속력이 작아지는 경우에도 가속도라는 말을 쓴다(이때의 가속도는 음수로 나타내진다). 물리학의 가속도에는 물체의 속력이 변하는 가속도와 운동 방향이 변하는 가속도가 있다. 물체의 운동 방향과 같은 방향이나 반대 방향으로 힘이 작용하면 속력이 변하지만, 운동 방향과 수직한 방향으로 힘이 작용하면 속력은 변하지 않고 운동 방향만 바뀐다. 운동 방향에 비스듬한 방향으로 힘이 가해지면 물체의 속력도 변하고, 운동 방향도 변한다.

물체에 힘을 가하면 질량(m)에 반비례하고 힘(F)에 비례하는 가속도(a)가 생긴다는 것이 뉴턴역학의 핵심인 가속도의 법칙이다. 가속도의 법칙을 식으로 나타내면 다음과 같다.

$$\text{힘(N)} = \text{질량(kg)} \times \text{가속도(m/s}^2)$$

*괄호 안은 단위

$$F = ma$$

이것은 물리학에 등장하는 모든 식 중에서 가장 중요한 식이다. 힘과 운동 사이의 관계를 올바로 파악하여 자연현상을 새롭게 설명할 수 있게 한 이 식은, 뉴턴역학의 근간이자 근대 과학의 바탕이 되었다.

이 식에 의하면 힘이 작용하지 않으면($F=0$) 가속도도 0이어야 한다. 가속도가 0이라는 것은 속도 변화도 없고 운동 방향의 변화도 없다는 뜻이다. 따라서 힘이 가해지지 않으면 정지해 있던 물체는 계속 정지해 있고, 달리던 물체는 계속 달려야 한다. 이것이 관성의 법칙(뉴턴의 운동 제1법칙)이다. 관성의 법칙은 외부에서 힘이 가해지지 않으면 운동량이 보존된다는 운동량 보존 법칙의 다른 표현이라고 할 수 있다. 힘이 가해지지 않으면 속도 변화가 없으므로 속도 v가 일정하고 따라서 mv로 정의되는 운동량 p도 일정하기 때문이다.

관성의 법칙은 가속도의 법칙(뉴턴의 운동 제2법칙)에서 힘이 0인 경우를 나타내므로 사실상 가속도 법칙의 일부이다. 그럼에도 관성의 법칙을 따로 떼어 뉴턴의 운동 제1법칙으로 삼은 것은 물체가 움직이도록 하려면 힘을 가해야 한다고 했던 고대의 생각이 틀렸다는 것을 확실하게 밝혀 두기 위해서였다. 힘이 가해지지 않으면 운동량이 변하지 않는다는 것을 확실히 해 놓고, 그렇다면 힘이 주어질 때 운동량이 얼마나 변하느냐에 답하는 것이 가속도의 법칙이다.

뉴턴의 운동 법칙에는 관성의 법칙과 가속도의 법칙 외에 작용 반작용의 법칙(뉴턴의 운동 제3법칙)이 있다. 작용 반작용의 법칙은 힘이 작용하는 방법을 설명하는 법칙으로, 힘은 한 물체에서 다른 물체로 일방적으로 작용하는 것이 아니라 항상 두 물체 간에 서로 반대 방향의 힘이 동시에 작용한다는 것이다. 사과가 땅으로 떨어지는 것을 보면서 우리는 지구의 중력이 사과를 잡아당기고 있기 때문이라고 설명한다. 그러나 작용과 반작용의

N

법칙에 의하면 지구가 일방적으로 사과를 잡아당기는 것이 아니라 지구와 사과가 같은 크기의 힘으로 서로 반대 방향으로 잡아당긴다. 지구와 사과가 서로 잡아당기는 힘의 크기는 같지만 질량이 작은 사과는 빠르게 움직이고, 질량이 큰 지구는 눈에 띄지 않을 정도로 움직이기 때문에 우리에게는 정지해 있는 지구가 사과를 잡아당기는 것처럼 보인다. 중력뿐만 아니라 자연에 있는 다른 힘들도 모두 상호작용한다.

그렇다면 자연에는 어떤 힘들이 있을까? 지금까지 밝혀진 바로, 우주에서 일어나는 모든 상호작용은 네 가지 힘에 의해 이루어진다. 질량 사이에 작용하는 중력, 전하 사이에 작용하는 전자기력, 원자를 이루고 있는 입자들 사이에 작용하는 강력(강한 핵력 혹은 강한 상호작용)과 약력(약한 핵력 혹은 약한 상호작용)이 그것이다.

원자의 크기보다 작은, 아주 가까운 거리에서만 작용하는 강력과 약력은 우리가 직접 느낄 수 있는 힘이 아니다. 그러나 강력과 약력은 원자를 이루거나 원자보다 작은 입자들 사이의 상호작용에 관계하기 때문에 세상의 기초를 만드는 힘이라고 할 수 있다.

질량 사이에 작용하는 중력은 아주 약한 힘이다. 그래서 우리는 주위에 있는 물체들 사이에 작용하는 중력은 느끼지 못한다. 그러나 지구처럼 질량이 큰 물체가 있으면 강한 중력이 작용한다. 무거운 물건을 들어 올리거나 헉헉거리며 높은 산을 올라가 본 사람이라면 지구의 중력이 얼마나 큰 힘인지 실감할 수 있을 것이다.

전자기력은 원자와 분자를 만드는 힘이고, 물체의 모양을 유지하도록 하는 힘이며, 화학반응에 관여하는 힘이다. 일상생활에 큰 영향을 끼치는 마찰력도 그 근원은 전자기력이다. 우리의 일상은 전자기력의 지배를 받고 있다고 할 수 있다. 하지만 우주에서는 상황이 다르다. 전하를 띤 물체 사이에서 작용하는 전자기력은 인력과 척력이 있어 서로 상쇄될 수 있다. 양전하와 음전하를 같은 양으로 가지고 있는 물체는 전하를 띠지 않아서 전자기력이 작용하지 않는다. 반면, 중력은 인력으로만 작용하기 때문에 질량이 커짐에 따라 점점 강해진다. 따라서 전하를 띠고 있지 않은, 천체들로 이루어진 우주에서는 전자기력이 아니라 중력이 중요해진다.

자연에 존재하는 네 가지 힘들을 강한 순서대로 배열하면 강력, 전자기력, 약력, 중력의 순이다. 가장 강한 힘인 강력은 가장 작은 원자핵 세상을 지배하고, 전자기력은 우리가 살아가는 세상을 지배하며, 가장 약한 힘인 중력은 가장 큰 세상인 우주를 지배한다.

힘의 단위, 뉴턴(N)

힘의 세기를 나타내는 SI 단위는 뉴턴(N)이다. 처음 사용된 힘의 단위는 다인(dyne)이었다. 1873년에 영국과학진흥협회가 다인을 힘의 단위로 정했다. 1다인은 질량이 1그램인 물체의 속력을 1초당 1cm/s씩 변화시키는 힘, 즉 질량이 1그램인 물체를 $1cm/s^2$으로 가속시킬 수 있는 힘을 나타냈다. 그러나 1946년에 열린 국제도량형총회에서 질량이 1킬로그램인 물체의 속력을 1초당 1m/s씩 변화시키는 힘, 다시 말해 1킬로그램인 물체를 $1m/s^2$으로 가속시킬 수 있는 힘을 힘의 기본 단위로 할 것을 결의했다. 1948년에 개최된 제9차 국제도량형총회에서는 이 힘의 단위를 뉴턴(기호는 대문자 N, 영어 표기는 소문자 newton으로 쓴다)이라고 부르기로 결정했다. 운동 법칙을 통해 힘을 새롭게 정의한 아이작 뉴턴의 업적을 기리는 의미였다.

지구 표면에서 지구의 중력가속도는 약 $9.8m/s^2$이다. 따라

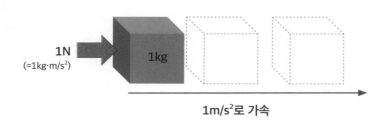

1N
(=1kg·m/s²)

1kg

1m/s²로 가속

서 1킬로그램의 물체를 들어 올리는 데는 약 9.8뉴턴의 힘이 필요하다. 우리가 자주 사용하는 스마트폰의 질량은 모델에 따라 다르기는 하지만 0.2킬로그램 정도이다. 따라서 스마트폰을 들어 올리는 데 필요한 힘은 약 2뉴턴이다. 10킬로그램 단위로 포장된 쌀을 들어 올리기 위해서는 약 98뉴턴의 힘이 필요하다.

그런데 우리는 평소에 질량과 무게라는 말을 혼동해서 사용한다. 질량은 물질의 양이고 무게는 질량에 작용하는 중력, 즉 힘이다. 따라서 무게를 말할 때는 힘의 단위를 이용해 나타내야 한다. 예를 들어, 질량이 1킬로그램인 물체의 무게는 9.8뉴턴이다. 하지만 질량이 1킬로그램인 물체에 작용하는 무게도 1킬로그램이라고 하는 경우가 많다. 마찬가지로 몸무게가 60킬로그램이라는 말도 한다. 60킬로그램은 질량이고, 몸무게는 질량 60킬로그램에 지구의 중력가속도 9.8을 곱한 588뉴턴이다. 이 사람이 달에 간다면 질량은 그대로 60킬로그램이지만 몸무게는 98뉴턴이 된다. 달의 중력가속도가 지구의 6분의 1이기 때문이다.

질량과 무게가 이렇게 다른 양인데도 불구하고 혼동하여 사용하는 것은 지구 표면에서의 중력가속도가 어디에서나 대략 9.8로 비슷한 값이어서 질량과 무게가 비례하기 때문이다. 그래서 무게를 나타낼 때는 뉴턴 대신 킬로그램중이라는 단위를 사용하기도 한다. 1킬로그램중은 질량 1킬로그램의 물체에 작용하는 표준중력의 크기인 9.8뉴턴을 나타낸다. 따라서 질량이 60킬

N

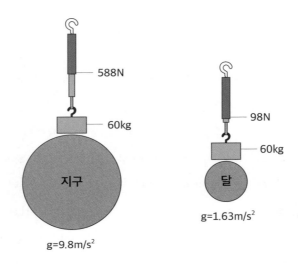

588N

60kg

지구

g=9.8m/s²

98N

60kg

달

g=1.63m/s²

지구와 달에서 질량과 무게 비교

로그램인 사람의 몸무게는 60킬로그램중이 된다. 몸무게를 말할 때는 "나의 몸무게는 588뉴턴입니다"라고 하거나 "나의 몸무게는 60킬로그램중입니다"라고 해야 정확한 표현이다. 그러나 달이나 다른 행성으로 우주여행을 다니는 시대가 되기 전까지는 질량과 무게를 서로 바꾸어 사용해도 크게 문제가 되지 않을 것이다. 물리학 시험 답안지가 아니라면 "나의 몸무게는 60킬로그램입니다"라고 말해도 듣는 사람은 "나의 몸무게는 60킬로그램중입니다"라고 이해할 것이기 때문이다.

인류 문명사를 바꾼 뉴턴

아이작 뉴턴Isaac Newton은 1642년 12월 25일(율리우스력)에 영국 남동부의 그랜섬에서 남쪽으로 12킬로미터쯤 떨어진 작은 마을, 울즈소프Woolsthorpe에서 태어났다. 미숙아로 태어난 뉴턴은 또 래보다 작고 허약했다. 게다가 유복자였는데, 세 살 때는 어머니 마저 재혼해 버리고 말았다. 새아버지가 세상을 떠나 어머니가 다시 집으로 돌아올 때까지 9년 동안, 뉴턴은 외할머니 손에 자랐다.

열두 살부터 열일곱 살까지는 그랜섬에 있는 킹스 스쿨에서 공부했다. 킹스 스쿨은 초·중등학교 과정을 교육하는 학교였다. 이곳에서 뉴턴은 라틴어와 그리스어를 배웠다. 수학이나 과학과 관련된 과목은 당시 영국 공립학교의 교과과정에 거의 들어 있 지 않았다. 킹스 스쿨에 다니는 동안 뉴턴은 하숙집 다락에 다양 한 도구를 마련해 놓고 여러 가지 장난감과 모형을 제작하여 사 람들을 놀라게 했다. 그가 만들었던 것 중에는 풍차 모형, 사륜마 차, 초롱불 등이 있었다.

어머니는 뉴턴이 열일곱 살이 되자 학교를 그만두고 농장 일을 배우게 했다. 그러나 뉴턴은 일을 하다 말고 엉뚱한 것에 몰 두하기 일쑤였다. 결국 어머니는 아홉 달 만인 1660년 가을 그를 킹스 스쿨로 돌려보냈다. 외삼촌이었던 에이스코 목사와 뉴턴의 천재성을 알아보았던 킹스 스쿨의 교장 스토크스가 뉴턴을 학교로 돌려보내야 한다고 강력하게 권했기 때문이다.

킹스 스쿨을 졸업한 뉴턴은 열여덟 살이던 1661년에 케임브리지 대학의 트리니티 칼리지Trinity College에 입학했다. 트리니티 칼리지에서는 플라톤과 아리스토텔레스의 철학과 유클리드 기하학을 주로 가르쳤다. 그러나 뉴턴은 대학에서 가르치지 않는 르네 데카르트René Descartes의 책들을 탐독했다. 플라톤이나 아리스토텔레스를 공부할 때와는 다르게 메모까지 해 가며 열심히 공부했다. 갈릴레이의 『두 우주 체계에 대한 대화』를 비롯해 케플러와 코페르니쿠스가 쓴 책들도 읽었다.

뉴턴은 책을 읽으면서 생긴 의문점들을 모아 '철학에 관한 질문들'이라는 메모장을 만들었다. 언제부터 이런 메모를 작성했는지 정확하게는 알 수 없지만, 1664년 말 이전에 시작한 것으로 보인다. 45개 소제목을 만들어 그 아래 독서를 통해 알게 된 내용을 정리했는데, 소제목은 물질·시간·운동의 성질과 같은 일반적인 것들에서 시작하여 우주의 질서로 이어진다. 뒤쪽에는 희박함·유동성·부드러움 등 감각과 관련된 성질들이 나열되어 있다. 거기엔 초자연적인 문제도 포함되어 있었다. 끊임없는 질문 던지기가 주조를 이룬 이 메모들을 통해 뉴턴이 대학을 다니는 동안 어떤 문제에 관심이 있었는지를 엿볼 수 있다.

뉴턴은 1665년에 학사학위를 받았다. 그해 여름 영국에는 흑사병이 돌기 시작했다. 그러자 정부는 박람회를 취소하고 대중 집회를 금지했으며 공립학교의 수업을 중단했다. 대학도 문을 닫았다. 대학이 다시 정상화된 것은 1667년 봄이었다. 이 동안 뉴턴은 고향인 울즈소프에 머물면서 혼자 연구에 몰두했다. 이 시기에 그는 힘을 새롭게 정의한 운동 법칙과 중력 법칙을 발견했으며, 운동 법칙을 기술하기 위해 필요한 미적분법도 발명했다. 과학사학자들은 1666년을 뉴턴의 기적의 해라고 부른다.

1667년 4월에 케임브리지 대학으로 돌아온 뉴턴은 그해 10월에 연구원으로 선발되었고, 그로부터 9개월 후인 1668년 7월에는 석사학위를 받았다. 1669년에는 케임브리지 대학의 의회 의원이었던 헨리 루카스Henry Lucas가 기부한 기금으로 운영되는 루카스 석좌교수에 임명되었다. 루카스 석좌교수의 조건 중에는 교회의 직책을 맡으면 안 된다는 조건도 있었다. 트리니티 칼리지의 교육과정을 마치면 영국 국교회의 성직자가 되어야 했지만 뉴턴은 이 조건을 이유로 왕에게 청원하여 성직자가 되지 않고 과학 연구에 전념할 수 있었다.

루카스 석좌교수가 된 뒤 주로 광학연구에 몰두했던 뉴턴은 1669년에 '결정적인 실험'이라고 불리는 광학 실험을 했다. 고대 과학에서는 여러 가지 색의 빛은 흰색 빛에 각기 다른 정도의 어둠이 섞인 것이라고 설명했다. 그러나 뉴턴은 프리즘을 통해 분산된 빛 중에서 한 가지 색깔의 빛만을 두 번째 프리즘에 입사시

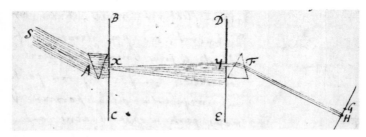

두 개의 프리즘을 이용한 실험.

키면 더 이상 빛이 분산되지 않는다는 것을 보였다. 흰색 빛은 여러 색깔의 빛이 혼합된 빛임을 증명한 것이다. 뉴턴은 이러한 내용을 「빛과 색에 관한 새로운 이론A New Theory of Light and Colours」이라는 논문으로 발표했다.

　뉴턴식 '반사 망원경'을 만든 것도 이때쯤이었다. 이전까지는 대물렌즈를 이용하여 멀리서 오는 희미한 빛을 모아 상을 만들고, 이 상을 대안렌즈로 확대하여 보는 '굴절 망원경'을 사용했다. 그런데 렌즈의 굴절률이 빛의 색에 따라 다르기 때문에, 굴절 망원경에서는 상의 위치나 배율이 색에 따라 달라지는 색수차色收差가 생겨서 배율이 커질수록 상이 흐려지는 문제가 있었다. 반면, 뉴턴이 만든 반사 망원경에서는 오목거울을 이용하여 빛을 모아 상을 만들고 이 상을 대안렌즈로 확대하여 보기 때문에 색수차가 생기지 않는다. 따라서 망원경의 배율을 더 크게 만들 수 있었다.

한동안 신학과 연금술에 빠져 있던 뉴턴은 1684년 8월 에 드먼드 핼리Edmond Halley의 방문을 계기로 다시 역학 연구를 시작했다. 왕립학회 회원이었던 핼리는, 물리학자이면서 현미경을 이용해 작은 생명체들을 관찰하기도 했던 로버트 훅Robert Hooke 그리고 유명한 건축가이자 천문학자였던 크리스토퍼 렌Christopher Wren과 함께 행성의 운동을 역학적으로 설명하려고 시도했다. 그들은 행성들이 타원 궤도 운동을 계속하려면 태양과 행성 사이에 어떤 힘이 작용해야 하는지를 알아내려 했지만, 연구에 어려움을 겪고 있었다.

뉴턴을 방문한 핼리는 이 문제를 이야기했다. 그러자 뉴턴 은 태양과 행성들 사이에 거리 제곱에 반비례하는 힘이 작용하면 타원 궤도 운동을 하게 된다는 것을 이미 오래전에 증명했다고 말했다. 뉴턴의 증명을 받아 본 핼리는 그 결과를 출판하라고 권유했다. 뉴턴은 핼리가 방문했던 1684년 8월부터 1686년 봄까지 『자연철학의 수학적 원리』(이하 프린키피아)를 쓰는 일에 전념했다.

그러나 여러 가지 문제로 책의 출판은 예정대로 진행되지 않았다. 1686년 10월에 시작된 인쇄가 끝난 것은 1687년 7월 5 일이었다. 핼리는 책의 출판 과정에서도 중요한 역할을 했다. 왕립학회가 재정상의 어려움으로 출판 경비를 댈 수 없게 되자 개인 돈으로 대신 지불했고, 원고 교정 일을 맡았으며, 서문을 쓰기

N

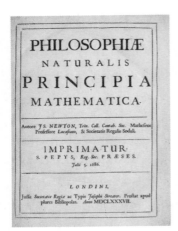

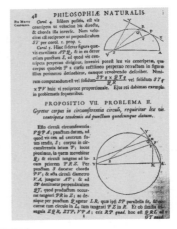

『프린키피아』 1687년 초판본 제목 페이지(좌)와
1726년 판본의 본문 일부(우).

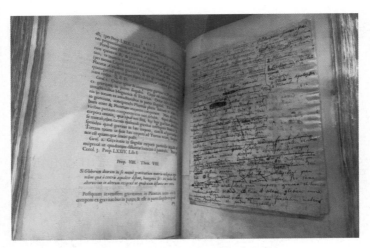

『프린키피아』 두 번째 판을 위해 뉴턴이 직접 주석을 단 초판본.

도 했다.

『프린키피아』는 출판되기 전부터 사람들의 관심을 끌었다. 출판 전인 1687년 봄에 이미 곧 대작이 출판될 것이라는 소문이 영국 전역에 돌았고, 출판이 임박하자 《철학회보Philosophical Transactions》에 핼리가 쓴 긴 서평이 실렸다. 책이 출판된 후에는 수학계를 중심으로 빠르게 그 내용이 전파되었다. 뉴턴의 책은 영국 밖에서도 인정을 받았다. 1688년의 봄과 여름에는 프랑스를 비롯한 유럽 여러 나라의 대표적인 잡지들에 서평이 실렸다.

뉴턴은 『프린키피아』를 출판한 후 케임브리지를 대표하는 의회 의원으로 선출되었다. 1695년에는 조폐국 감사로 임명되었고, 4년 후에는 조폐국 국장으로 승진하여 죽을 때까지 그 자리를 지켰다. 조폐국 국장으로 있는 동안에는 동전의 위조나 변조를 막기 위한 여러 가지 방법을 고안하기도 했다. 인류의 역사를 바꾼 위대한 과학자가 화폐를 만드는 공직자로 일생을 마쳤다는 것은 의외이다.

1703년에 뉴턴은 왕립학회 회장으로 선출되었으며, 이듬해인 1704년에는 또 하나의 중요한 과학적 업적인 『광학Opticks: or, a Treatise of the Reflexions, Refractions, Inflexions and Colours of Light』을 출판했다. 빛의 성질을 자세하게 다룬 『광학』에서 그는 빛이 눈에 보이지 않는 미립자들의 흐름이라고 설명했다. 데카르트의 영향을 받아 뉴턴이 주장한 입자설은 빛에 의해 그림자가 생기는 현상

고드프리 크넬러가 그린 〈아이작 뉴턴 경의
초상〉(1702), 영국 국립 초상화 갤러리
소장. 42쪽에 있는 뉴턴의 초상화 역시
고드프리 크넬러의 작품이다.

을 잘 설명할 수 있다. 1800년대에 실험을 통해 파동설이 옳다고
인정받기 전까지, 입자설은 뉴턴의 권위에 힘입어 빛을 설명하는
정설로 받아들여졌다. 그러나 20세기에 성립된 양자역학에서는
빛이 파동과 입자의 성질을 모두 가지고 있다는 빛의 이중성dual-
ity of light을 받아들이고 있다.

　　뉴턴은 1705년에 앤 여왕으로부터 기사 작위를 받았다. 말
년에 화가들을 시켜 자신의 초상화 그리는 것을 좋아했던 뉴턴
은, 당시 유명한 초상화 화가였던 고드프리 크넬러Godfry Kneller

가 그린 네 장을 포함하여 많은 초상화를 남겼다. 결혼도 하지 않고 자식도 없었던 그는 1727년 3월 20일 아침, 조카 부부 캐서린과 존 콘듀잇이 지켜보는 가운데 세상을 떠났고, 3월 28일 웨스트민스터 사원에 묻혔다. 1731년에는 뉴턴의 상속인들이 마련한 기념비가 세워졌다. 이 비의 비문은 다음과 같은 구절로 끝을 맺고 있다.

"인류에게 위대한 광채를 보태 준 사람이 존재했었다는 것을 생명이 있는 자들은 기뻐하라."

인류 역사에는 과학 발전에 공헌한 과학자가 많이 있지만 뉴턴은 과학 분야를 넘어 인류 문명사에 한 획을 그은 사람이라고 할 수 있다. 그는 16세기에 코페르니쿠스에 의해 시작되고 케플러와 갈릴레이가 크게 기여한 천문학 혁명을 완성함으로써 새로운 역학 시대를 열었으며, 정성적이었던 과학을 정량적인 정밀한 실험 과학으로 바꾸어 놓았다. 뉴턴역학을 기반으로 한 근대 과학은 18세기와 19세기에 인류 지식의 지평을 크게 넓혔고, 과학과 기술 문명의 탄생을 견인했다.

뉴턴역학을 통해 자연현상을 정확하게 기술하는 것이 가능해지면서 자연과 인간, 그리고 신과의 관계도 크게 바뀌었다. 종교가 세상을 지배하던 중세에는 인간 세상이나 자연에서 일어나는 일이 모두 신의 섭리에 의한 것이어서 자체적인 법칙을 가질 수 없었다. 그러나 케플러와 갈릴레이의 천문학 혁명으로 천체의 운동을 정확하게 기술할 수 있게 되자 르네 데카르트는 자연은 자연법칙의 지배를 받는 물질과 신의 섭리가 지배하는 정신으로 이루어져 있다고 주장했다. 그러다 뉴턴역학으로 천체들의 운동과 자연현상을 동일하게 역학적으로 정확히 기술할 수 있게 되자, 신은 세상을 창조하고 자연법칙을 만들었지만 더 이상 자연현상에 개입하지 않으며 자연현상은 스스로 합리적인 자연법칙에 따라 일어난다고 하는 이신론理神論 사상이 등장했다. 17세기와 18세기 계몽사상가 중에는 이런 생각을 가진 사람이 많았다. 이신론 사상은 과학자는 물론 철학자와 신학자 들에게도 큰 영향을 주어 인간과 자연과 신의 관계를 새롭게 정립하는 계기를 제공했다.

뉴턴역학은 인류의 기술 문명 발전에도 크게 이바지했다. 뉴턴에 의해 비약적으로 발전한 실험 과학 방법은 열역학, 전자기학, 광학, 화학의 발전을 견인하여 근대 과학 기술 문명의 기초를 마련했다. 인류는 1687년 뉴턴역학이 등장한 이후 약 300년 동안에, 인류가 지구상에 등장한 이후 400만 년 동안 이룬 변화보다 훨씬 더 많은 변화와 발전을 이루어 냈다. 뉴턴은 현재 우리가 경험하고 있는 고도 기술 문명의 기초를 마련한 사람이었다.

N

Pa 파스칼

B l a i s e   P a s c a l

블레즈 파스칼(1623~1662)

압력의 세기를 나타내는 단위.
프랑스의 과학자 블레즈 파스칼의 이름을 땄다.
1Pa은 1제곱미터(m^2)의 면적에 1뉴턴(N)의 힘이
작용하는 압력이다. SI 유도단위이며
다른 단위로 나타내면 다음과 같다.

$$Pa = \frac{N}{m^2} = \frac{kg}{m \cdot s^2}$$

고체와 액체 그리고 기체에 작용하는 압력

압력은 단위 면적에 작용하는 힘의 크기를 나타낸다. 이것은 고체의 경우든, 액체나 기체와 같은 유체流體의 경우든 모두 같다. 그러나 고체에 압력이 작용하는 방식과 기체나 액체와 같은 유체에 압력이 작용하는 방식은 크게 다르다.

고체는 물질을 이루는 분자나 원자가 일정한 간격으로 배열되어 있다. 고체에 압력이 가해지면 분자나 원자 사이에 작용하는 힘의 균형이 무너져 분자나 원자 들이 새로운 균형점으로 이동하고, 그에 따라 고체의 길이나 모양이 변한다.

고체 표면에 수직한 방향으로 작용하는 압력은 물체의 길이를 변화시킨다. 영국의 의사로 역학과 광학 발전에 크게 기여한 토머스 영Thomas Young은 1807년에 고체에 힘을 가했을 때 늘어나는 길이는 물체의 길이와 압력에 비례한다는 것을 알아냈다. 이것을 식으로 나타내면 다음과 같다.

$$\text{늘어난 길이(m)} = \frac{\text{압력(Pa)} \times \text{길이(m)}}{\text{영률}}$$

이 식에서 '영률'은 물질에 따라 달라지는 상수로 토머스 영의 이름을 따서 영률Young's modulus이라고 부른다. 영률이 크면 잘 늘어나거나 줄어들지 않는, 강도가 높은 물질이 된다. 영률이 낮으면 적은 힘으로도 쉽게 늘이거나 줄일 수 있는, 강도가 낮은 물질이 된다. 따라서 영률은 물질의 역학적 성질을 나타내는 중요한 물리량이다.

일정한 범위 안에서 물체에 압력을 가하면 압력에 비례해서 물체가 늘어나거나 줄어들었다가도, 압력을 제거하면 다시 본래의 크기로 돌아간다. 이런 범위를 탄성의 한계라고 한다. 탄성의 한계를 넘는 큰 압력이 가해지면 물체의 길이나 모양이 영원히 변하는데, 이런 변화를 소성 변형塑性變形이라고 한다. 아주 큰 압력을 가하면 물체가 파괴된다. 물체가 파괴될 때의 압력을 그 물체의 강도剛度, stiffness라고 한다. 다양한 구조물을 만들 때는 탄성한계와 강도가 적절한 재료를 선택해야 한다.

고체 표면에 수직한 방향의 압력과 달리, 표면에 수평하게 가해진 압력은 고체의 모양을 변화시킨다. 모양이 변하는 방향은 압력이 어떤 방향으로 가해지느냐에 따라 다르다. 따라서 압력으로 인해 물체가 어떻게 변하는지를 알기 위해서는 압력이 어떤 면에 어떤 방향으로 가해지는지를 알아야 한다.

힘은 길이나 면적과 같이 크기만 있는 스칼라scalar양이 아니라 크기와 함께 방향도 고려해야 하는 벡터vector양이다. 단위 면적에 작용하는 힘인 압력도 벡터양이다. 그러나 고체에 작용하는 압력은 어떤 면에 어떤 방향으로 작용하느냐에 따라 그 결과가 달라지므로, 아홉 개의 성분을 가진 텐서tensor라는 물리량이다. 압력 작용의 결과로 나타나는 변형도 아홉 개의 성분을 가진 텐서로 표현된다. 따라서 고체에 작용하는 압력과 변형을 나타내는 식을 다루는 것은 수학적으로 매우 복잡하다.

건물이나 교량과 같은 복잡한 구조에는 압력이 여러 가지 방향으로 작용하고 있다. 그러한 구조물에 작용하는 압력을 분석하여 역학적으로 얼마나 안정한지를 알아내는 것은 매우 중요한 일이다. 건축공학과, 토목공학과 그리고 기계공학과에서는 압력과 변형 사이의 관계를 나타내는 복잡한 미분 방정식을 풀어서 구조물 각 부분에 작용하는 압력과 그로 인한 변형을 알아낸다.

분자나 원자의 직접적인 접촉을 통해 압력이 작용하는 고체와 달리, 기체와 액체의 경우에는 물질이 담긴 용기의 벽에 원자나 분자가 충돌할 때의 반발력에 의해 압력이 발생한다. 기체나 액체 분자는 용기의 벽에 임의의 방향으로 마구 충돌한다. 하지만 벽에 수직한 성분을 제외한 다른 성분들은 모두 상쇄되고 수직한 성분만 남는다. 기체나 액체와 같은 유체의 경우에는 압력이 항상 표면에 수직한 방향으로만 작용하는 것이다. 따라서 압력으로 인해 표면이 늘어나거나 줄어들어 부피가 변하게 된다.

분자의 운동을 분석한 결과에 따르면, 기체의 압력은 온도와 분자 수에 의해 결정된다. 온도가 높으면 분자의 운동 에너지

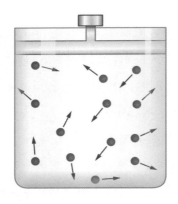

기체의 경우, 기체 분자가 많거나
온도가 높아 기체 분자들이 빠르게
움직일수록 압력이 더 크다.
©OpenStax College/ CC BY 3.0

가 커서 분자 하나가 벽에 충돌할 때 벽에 가하는 힘이 커져 압력이 커지고, 기체 분자의 수가 많으면 벽에 충돌하는 분자의 수가 증가해 압력이 커진다. 따라서 온도가 같고 벽에 충돌하는 분자의 수가 같으면 압력이 같다.

이것을 다르게 표현하면, '온도와 압력이 같으면 같은 부피 안에 같은 수의 기체 분자가 들어 있다'가 된다. 1811년에 분자의 크기에 관계없이 온도와 압력이 같으면 같은 부피 안에 들어 있는 분자의 수가 같다고 처음 주장한 사람은, 이탈리아의 아메데오 아보가드로Amedeo Avogadro였다. 이것을 '아보가드로의 법칙'이라고 한다. 하지만 당시에는 아보가드로의 법칙이 쉽게 받아들여지지 않았다. 온도가 무엇을 뜻하는지 몰랐고, 부피의 의미를 제대로 이해하지 못했기 때문이다. 고체의 부피는 물체를 이루는 분자들이 실제로 차지하고 있는 공간의 크기를 뜻하지만, 기체의 부피는 분자들이 활동하는 공간의 크기를 나타낸다. 1860년대에 이르러 아보가드로의 법칙이 과학자들에게 널리 받아들여졌다는 것은 기체의 온도와 부피 그리고 압력을 제대로 이해할 수 있게 되었음을 의미한다.

한편, 지구는 대기로 둘러싸여 있고 대기에도 중력이 작용하므로 지구상에는 대기로 인한 압력, 즉 대기압이 존재한다. 그러나 고대 역학에서는 공기조차 없는 진공 상태가 존재한다는 사실을 받아들이지 않았기 때문에 공기로 인한 압력도 생각하지 못했다. 더욱이 고대에는 지구가 우주의 중심에 정지해 있고, 공기는 그런 지구로부터 멀어지려는 성질이 있다고 믿었기 때문에 공기가 지구상에 압력을 가한다는 건 상상도 할 수 없었다. 고대 그리스에도 세상이 원자로 이루어져 있고 원자 사이는 진공이라고 주장하는 사람들이 있었지만, 고대 과학을 완성한 아리스토텔레스가 진공의 존재를 강력하게 부정했기 때문에 오랫동안 진공은 존재하지 않는다고 여겨졌다.

실험을 통해 진공의 존재를 처음으로 증명한 사람은 이탈리아의 에반젤리스타 토리첼리Evangelista Torricelli였다. 그는 대학에서 수학과 철학을 공부하고 피렌체로 가서 갈릴레이가 죽기 전 3개월 동안 갈릴레이의 서기 겸 조수로 일하며 많은 것을 배웠다. 갈릴레이는 진공은 존재하며, 펌프를 이용해 물을 퍼 올릴 수 있

Pa

는 것은 진공의 힘 때문이라고 생각했다. 하지만 펌프가 물을 10 미터 이상은 퍼 올릴 수 없는 이유는 설명하지 못했다.

토리첼리는 물속에 있는 물체에 물의 압력이 가해지는 것과 마찬가지로, 대기도 물체에 압력을 가하고 있는 게 아닐까 생각하게 되었다. 그는 액체가 일부 담긴 관을 액체가 담긴 그릇 위에서 뒤집은 다음 진공 펌프를 이용해 관의 위쪽을 진공으로 만들면, 관의 내부는 대기가 누르는 압력이 없어지지만 바깥쪽에는 여전히 대기의 압력이 작용하고 있어 그릇의 액체가 관을 따라 위로 올라갈 것이라고 생각했다. 1643년에 그는 수은을 채운 관

에반젤리스타 토리첼리
(1608~1647).

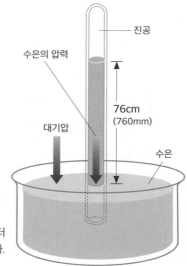

진공

수은의 압력

76cm
(760mm)

대기압

수은

대기의 압력은 76센티미터
수은 기둥의 압력과 같다.

을 거꾸로 세우면 수은이 76센티미터까지만 올라온다는 것을 실험으로 확인했다. 진공 펌프로 공기를 빼고 관 안에 수은을 가득 채운 다음 그릇에 거꾸로 세우면 중력 때문에 수은이 내려오다가 역시 76센티미터에서 멈췄다.

이 실험은 두 가지 중요한 사실을 말해 준다. 하나는 대기의 압력이 76센티미터 높이의 수은 기둥의 압력과 같다는 것이다. 이는 또한 높이가 10미터인 물기둥이 누르는 압력과 같다. 이로써 펌프로 물을 10미터 이상 퍼 올릴 수 없는 이유를 설명할 수 있게 되었다.

1631년에 수은 기둥을 이용하면 대기압을 측정할 수 있을 것이라고 처음 제안했던 사람은 르네 데카르트였다. 그러나 데카르트가 실제로 그런 실험을 했다는 증거는 남아 있지 않다. 그러므로 토리첼리는 수은 기압계를 이용하여 최초로 대기압을 측정한 사람으로 인정받고 있다.

토리첼리 실험의 또 다른 중요한 의미는 진공을 처음으로 만들었다는 것이다. 수은이 가득한 관을 거꾸로 세웠을 때 수은이 높이 76센티미터까지 내려가고 위쪽에 남은 공간은 아무것도 없는 진공이다. 이것은 진공이 존재한다는 확실한 증거였다. 이로써 아리스토텔레스 이후 2000년 동안 받아들여졌던, 진공은 존재할 수 없다는 역학의 기본 원리가 부정되었다.

프랑스의 블레즈 파스칼은 토리첼리의 실험을 직접 해 보고, 1647년에 「진공에 관한 새로운 실험*Experiences Nouvelles Touchant Le Vide*」을 출판했다. 파스칼은 이 논문에서 수은 기둥 위쪽의 빈 공간은 아무것도 포함하고 있지 않는 빈 공간, 즉 진공이라고 주장했다. 또한, 대기가 밀어 올릴 수 있는 액체의 높이가 액체의 무게에 따라 달라진다는 것을 보였다. 다시 말해, 가벼운 액체는 무거운 액체보다 더 높이까지 밀려 올라갔다.

1648년에는 대기압과 진공에 관한 실험 결과를 보완한 「액체의 평형에 관한 다양한 실험*Récit de la Grande Expérience de L'Équilibre des Liqueurs*」을 출판했다. 파스칼은 만약 공기가 누르는 힘이 높이가 76센티미터인 수은 기둥의 압력과 같다면, 그것은 공기층이 일정한 높이까지만 존재한다는 뜻이라고 생각했다. 대기의 압력이 특정한 값을 가진다는 것은 대기가 우주 공간까지 무한정 퍼져 있는 것이 아니라고 본 것이다.

그렇다면 높은 산 위에서는 대기의 압력이 낮아야 할 것이다. 그가 살던 클레르몽 부근에는 높이가 1460미터나 되는 퓌드돔Puy-de-Dôme산이 있었다. 건강이 좋지 않아 직접 이 산 정상에 올라가 실험을 해 볼 수 없었던 파스칼은 매형인 플로린 페리에에게 이 실험을 대신 해 줄 것을 부탁했다. 1648년 9월 19일 페리에는 클레르몽의 저명인사들과 함께 평지에서 수은 기둥의 높이와 산 정상에서 수은 기둥의 높이가 어떻게 다른지를 알아보는 실험을 했다.

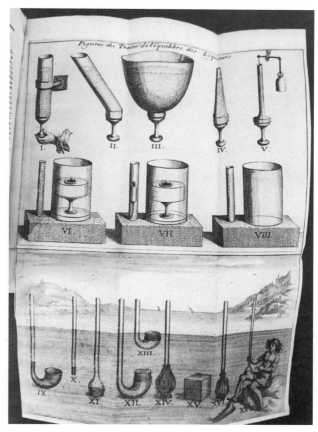

퓌드돔산에서의 실험 도구들. 파스칼 사후인 1663년 출간된
『액체의 평형에 관한 논문집(Traitez de L'Équilibre des Liqueurs)』에
수록된 그림이다.

그들이 산에 올라가기 전에 평지에서 측정한 수은 기둥의 높이는 74.93센티미터였고, 산 정상에서 측정한 수은 기둥의 높이는 63.54센티미터였다. 이 실험으로 대기압이 높이에 따라 달라진다는 것이 증명되었다. 후에 파스칼은 높이가 50미터였던 파리의 종탑에서도 같은 실험을 하여 대기압이 높이에 따라 달라진다는 것을 다시 확인했다. 이 실험들은 대기압이 높이에 따라 달라진다는 것과 수은을 밀어 올리는 힘이 대기의 압력이라는 것을 확실하게 증명한 것이었다.

압력의 단위

국제단위계에서 압력의 단위는 파스칼(Pa)이다. 대기압을 측정하는 데 공헌한 블레즈 파스칼의 업적을 기리는 뜻으로, 1971년에 열린 제14차 국제도량형총회에서 압력의 단위를 파스칼pascal로 부르기로 결정했다. 1파스칼은 1제곱미터(m^2)의 면적에 1뉴턴(N)의 힘이 작용할 때의 압력을 나타낸다.

파스칼은 어느 정도의 압력일까? 스마트폰(약 0.2킬로그램)을 손바닥(약 0.025제곱미터의 넓이) 위에 올려 놓았을 때 손바닥이 받는 압력($P_{손바닥}$)은 약 78.4파스칼이다.

$$P_{손바닥} = \frac{0.2 \times 9.8\,\mathrm{N}}{0.025\,\mathrm{m}^2} = 78.4\,\mathrm{Pa}$$

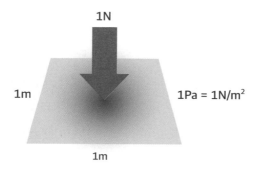

1N

1m

1Pa = 1N/m²

1m

지상에 있는 모든 물체에는 대기의 압력이 작용하고 있다. 인간을 포함해 지구에 사는 생명체에도 대기압이 작용한다. 지구 대기압의 크기는 얼마나 될까? 지역에 따라 온도에 따라 조금씩 다르지만 대략 10만 1325파스칼이다. 이것을 1기압(atm)이라고 한다. 지구상에서 대기의 무게로 인한 압력을 뜻하는 '기압'은 또 다른 압력의 단위이다. 1기압은 다음과 같이 여러 가지로 나타낼 수 있다.

$$1기압(atm) = 101325파스칼(Pa)$$
$$= 101.325킬로파스칼(kPa)$$
$$= 1013.25헥토파스칼(hPa)$$
$$= 760수은주밀리미터(mmHg)$$

일기예보에서는 100파스칼을 나타내는 헥토파스칼(hPa)이

Pa

라는 단위를 주로 사용한다. 수은주밀리미터(mmHg)는 대기의 압력이 760수은주밀리미터, 즉 높이가 760밀리미터인 수은(원소 기호 Hg)의 압력과 같다는 것을 나타내는 압력 단위이다. 1990년 대 초까지는 기압을 나타낼 때 헥토파스칼 대신에 밀리바(mb)라는 단위를 사용했다. 1밀리바는 1헥토파스칼과 같은 압력을 나타내므로 단위의 명칭만 바뀐 셈이다. 일기예보에서 이야기하는 고기압과 저기압은 주변의 대기압보다 높거나 낮은 상태를 나타내기 때문에 얼마부터 고기압이고 얼마부터가 저기압이라고 말할 수는 없다.

병원에서 사용하는 혈압계는 대부분 혈압을 수은주밀리미터의 단위로 나타낸다. 심혈관계 질병이 없는 정상적인 사람의 최고혈압(팽창기 혈압)은 120수은주밀리미터이고, 최저혈압(수축기 혈압)은 80수은주밀리미터 정도이다. 1수은주밀리미터는 약 133.3파스칼이므로 최고혈압은 약 1만 5996파스칼이고, 최저혈압은 약 1만 664파스칼이다. 혈압을 파스칼로 나타내면 이렇게 큰 수가 되는 것도 혈압의 단위로 파스칼이 아닌 수은주밀리미터를 계속 사용하는 이유 중 하나일 것이다.

진공을 다루는 분야에서는 토르(Torr)라는 단위가 널리 사용되고 있다. 토르는 진공을 발견한 에반젤리스타 토리첼리의 업적을 기리기 위해 붙여진 이름이다. 1토르는 높이가 1밀리미터인 수은의 압력을 나타낸다. 따라서 1토르는 1수은주밀리미터와 원칙적으로 같으며(단위가 재정의되면서 두 값이 아주 미세하게 달라졌으나 거의 같다), 다음과 같이 나타낼 수 있다.

$$1토르(Torr) = 1수은주밀리미터(mmHg)$$
$$= 133.3224파스칼(Pa)$$

보통은 토르 단위를 써서 진공의 정도를 구분하는데, 760~1토르까지는 저진공, $1 \sim 10^{-3}$토르까지는 중진공, $10^{-4} \sim 10^{-7}$토르까지는 고진공, $10^{-8} \sim 10^{-10}$토르까지는 초고진공, 10^{-10}토르 이하는 극초고진공으로 분류한다. 별과 별 사이의 공간인 성간 공간은 극초고진공 상태이다.

이 밖에도 자동차 타이어의 압력은 피에스아이(psi)라는 단위를 이용하여 나타낸다. 1피에스아이는 1제곱인치의 넓이에 1파운드의 무게가 가해지는 압력을 나타낸다. 1피에스아이는 약 6895파스칼이고, 대기압은 약 14.7피에스아이다. 우리가 사용하는 자동차 타이어의 압력은 대략 32피에스아이이므로 기압으로 환산하면 약 2.18기압이다. 이는 약 22만 파스칼에 해당한다. 파스칼 외에도 이렇게 여러 가지 단위가 사용되고 있는 것은 압력과 관련된 기술 분야가 다양하고, 각 분야마다 서로 다른 발전 과정을 거치면서 다른 단위를 사용해 왔기 때문이다.

Pa

『팡세』로 유명한 과학자이자 철학자, 파스칼

압력의 단위에 이름을 남긴 블레즈 파스칼Blaise Pascal은 『팡세』라는 수필집을 쓴 철학자이자 수학자로도 잘 알려져 있다.

파스칼은 1623년 프랑스 클레르몽에서 세무감독관의 아들로 태어났다. 열세 살 때 파스칼의 삼각형을 발견할 정도로 어려서부터 뛰어난 수학적 재능을 보였던 그는, 아버지를 위해 톱니바퀴를 이용한 기계식 계산기를 만들기도 했다. 덧셈과 뺄셈만 가능한 초보적인 계산기였지만 이것은 계산기 역사에서 중요한 위치를 차지하고 있다.

1647년, 24세의 파스칼은 토리첼리의 대기압 실험에 관한 글을 읽고 유체역학에 관심을 가지게 되었다. 토리첼리가 했던 수은 기둥 실험을 직접 해 본 그는, 유리관 안에서 수은을 밀어

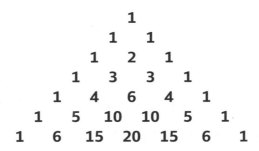

파스칼의 삼각형. 각 행의 숫자들은 $(a+b)^n$을 계산했을 때 각 항의 계수를 나타낸다.

올리는 힘은 무엇이며 수은 기둥 위쪽에 빈 공간은 무엇으로 채워져 있는지를 알아보기 위한 연구를 시작했다. 파스칼은 수은 대신 여러 가지 액체로 토리첼리 실험을 반복한 끝에 액체에 따라 기둥의 높이가 달라진다는 것을 확인했다. 또한, 이러한 실험을 통해 수은 기둥 위쪽의 빈 공간은 진공이고, 수은을 밀어 올리는 힘은 대기압이라는 것을 분명히 밝혔다. 평지와 높은 산에서의 비교 실험으로 높이에 따라 대기압이 달라진다는 사실도 알아냈다.

파스칼은 밀폐된 용기 안에 들어 있는 액체에 가해지는 압력이 액체의 모든 부분에 똑같이 전달된다는 '파스칼의 원리'를 발견하기도 했다. 똑같이 전달된다는 것은 압력의 세기가 같음을 의미한다. 이때 압력은 모든 표면에 수직으로 작용한다. 물론 액체의 높이가 다른 곳은 위치 에너지가 달라서 압력의 세기가 같지 않지만, 높이의 차이가 무시할 수 있을 정도로 작은 경우에는 모든 방향으로 작용하는 압력의 세기가 같다.

당시는 아직 뉴턴역학이나 에너지의 개념이 등장하지 않았던 시기라 파스칼의 원리를 역학적으로 설명하지는 못했다. 하지만 파스칼의 원리는 작은 힘을 큰 힘으로 바꾸는 각종 유압 장치의 원리로 이용되고 있다. 압력은 단위 면적에 작용하는 힘이므로 같은 압력이 작용하는 경우 면적이 두 배가 되면 그 면적에 작용하는 힘의 세기는 두 배가 되고, 면적이 10배가 되면 힘의 크

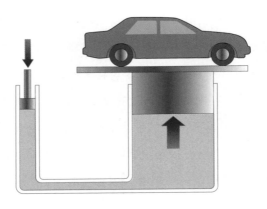

파스칼의 원리를 응용한 유압장치를 이용하면 작은
힘으로도 큰 차를 들어 올릴 수 있다.

기도 10배가 된다. 따라서 면적의 비율을 크게 하면 작은 힘을
얼마든지 큰 힘으로 바꿀 수 있다.

그러나 파스칼의 원리를 이용해 작은 힘을 큰 힘으로 바꾸
는 경우 면적이 작은 쪽은 더 먼 거리를 이동해야 하기 때문에 힘
의 세기를 바꾸어도 에너지의 양이 달라지지는 않는다. 무거운
물체를 다루는 공장이나 자동차 수리 센터에 가면 파스칼의 원
리를 이용한 장치들을 쉽게 찾아볼 수 있으며, 기름을 짜는 기계
에서도 파스칼의 원리가 쓰이고 있다.

파스칼은 사이클로이드cycloid와 확률이론에 대한 연구로 수
학 발전에도 많은 기여를 했다. 30세 이후에는 신학 연구에 몰두
하기도 했던 그는 1662년 39세의 나이로 세상을 떠났다.

『팡세』는 그가 세상을 떠나고 7년 후인 1669년에 출판되었다. 원제목은 '종교 및 기타 주제에 대한 파스칼의 팡세'로, 파스칼이 살면서 느꼈던 생각을 기독교 신앙을 바탕으로 기록한, 924편의 짧은 글들을 모은 수상록이다. 보통은 줄여서 『팡세』라고 한다. 팡세Pensées는 프랑스어로 사상이나 생각을 뜻하는 말이다. 파스칼은 책에서 인간 이성의 중요성을 강조했다. 많은 사람들이 자주 인용하는 '인간은 생각하는 갈대'라는 말에는 인간은 연약하지만 생각할 수 있기 때문에 위대하다는 의미가 내포되어 있다. 파스칼은 인간 이성의 위대성을 강조하면서도 이성의 한계와 불완전성을 지적하고, 이성을 넘어서는 많은 것들이 존재한다는 사실을 인정해야 한다고 강조했다.

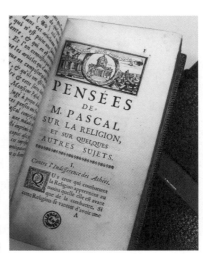

파스칼 사후에 출간된 수필집 『팡세』.
클레르몽 오베르뉴 메트로폴
도서관/ CC BY-SA 4.0

J 줄

제임스 프레스콧 줄(1818~1889)

일과 에너지의 크기를 나타내는 단위.
영국의 과학자 제임스 줄의 이름을 땄다.
1J은 1뉴턴(N)의 힘으로 1미터(m)를 움직였을 때
한 일의 양을 나타낸다. SI 유도단위이며
다음과 같은 식으로 나타낼 수 있다.

$$J = N \cdot m = \frac{kg \cdot m^2}{s^2}$$

일과 에너지의 도입

우리는 평소에 '일을 한다'는 말을 자주 사용한다. 땀을 흘리면서 물건을 옮기는 것은 물론이고, 가만히 앉아서 공부를 하거나 컴퓨터로 글을 쓰는 것도 일을 한다고 한다. 그러나 역학에서는 힘을 작용해 물건을 이동시켰을 때만 일을 했다고 한다. 역학에서 일은, 힘의 세기에 그 힘의 방향으로 움직인 거리를 곱한 값으로 정의되어 있기 때문이다. 에너지는 일을 할 수 있는 능력의 크기를 나타내므로 에너지와 일은 기본적으로 같은 양이다. 그러므로 에너지와 일은 모두 줄(J)이라는 단위를 써서 나타낸다. 일과 에너지는 뉴턴역학의 한 축을 이루고 있는 중요한 물리량이다.

1687년에 뉴턴이 제안한 뉴턴역학에서는 힘과 운동량만으로 운동을 설명했다. 물체에 가해지는 힘이, 시간이나 위치 그리고 속력에 따라 어떻게 달라지는지만 알면 운동 방정식을 이용하여 물체의 미래 위치나 속도를 알아낼 수 있다. 그러나 힘이 위치나 속력의 복잡한 함수로 나타내지는 경우, 운동 방정식을 풀어서 해를 구하는 것이 매우 어렵다. 정확한 해를 구하는 것이 불가능할 때도 있다. 이때는 정확한 해 대신 근사적인 해를 구해 물체의 운동을 대략적으로 예측할 수 있다.

하지만 많은 경우, 복잡한 운동 방정식의 해를 구하기보다 에너지 방정식이나 에너지 보존 법칙을 이용하면 물체의 미래 위치나 속도를 쉽게 구할 수 있다. 에너지라는 물리량을 이용하면 우리가 분석할 수 있는 자연현상의 범위가 훨씬 넓어지는 것이다. 그러나 에너지가 역학의 중요한 개념으로 자리 잡은 것은 뉴턴역학이 등장하고 100년 이상이 지난 후였다.

에너지energy라는 말은 활동을 뜻하는 그리스어 에네르기아 ἐνέργεια에서 유래했다. 고대 그리스어에서 에네르기아는 동물이 살아가는 데 필요한 활력소를 나타내기도 했고, 행복이나 즐거움을 포함하는 추상적인 개념으로 쓰이기도 했다. 17세기에 독일의 철학자이자 물리학자로 뉴턴과 같은 시기에 활동했던 고트프리트 빌헬름 라이프니츠Gottfried Wilhelm Leibniz는 질량에 속력의 제곱을 곱한 양(mv^2)을 비스 비바vis viva(living force)라고 부르고, 특정한 역학 체계에서는 비스 비바가 보존된다고 주장했다. 그러나 당시의 과학자들은 비스 비바가 보존된다는 생각이 뉴턴의 운동량 보존 법칙과 대립된다고 여겨 라이프니츠의 주장을 받아들이지 않았다.

18세기 초에 라이프니츠가 주장한 비스 비바 개념을 발전시킨 사람은 프랑스의 자연철학자인 에밀리 뒤 샤틀레Émilie Du Châtelet(샤틀레 후작부인)였다. 1740년에 출판된 『물리학의 기초 Institutions de Physique』에서 샤틀레는 비스 비바가 보존되는 양이라고 주장했다. 이 책은 많은 사람들에게 읽혔으며, 여러 나라의 언어로 번역되었다. 샤틀레는 뉴턴의 『프린키피아』를 상세한 주석과 함께 프랑스어로 번역했는데, 그 주석에도 비스 비바가 보존된다는 주장을 포함시켰다. 샤틀레가 세상을 떠난 후인 1756년에 출판된 이 번역서는 현재도 『프린키피아』의 표준 프랑스어 번역본으로 인정받고 있다.

비스 비바가 보존된다는 샤틀레의 주장은 (그녀가 세상을 떠난 직후에 출판된) 프랑스의 계몽주의자 드니 디드로Denis Diderot의 백과사전에도 실렸다. 그러나 1700년대에는 서로 다른 형태로 전환이 가능한 비스 비바와 비스 비바의 보존 법칙이 과학자들의 주목을 받지 못했다.

1807년에 비스 비바라는 말 대신 에너지라는 말을 처음 사용한 사람은 영국의 의사이자 물리학자였던 토머스 영이었다. 영

비스 비바라는 말 대신
에너지라는 말을 처음 사용한
토머스 영(1773~1829).

은 빛이 파동이라는 것을 보여 주는 이중 슬릿 실험을 했고, 고체의 변형과 힘 사이의 관계를 연구하기도 했으며, 로제타석에 기록되어 있는 이집트의 상형문자 해석에도 크게 기여한 인물이다. 그는, 운동하는 물체는 질량에 비례하고 속력의 제곱에도 비례하는 운동 에너지를 가지고 있다고 주장했다.

1829년에 프랑스의 수학자이자 물리학자였던 귀스타브 코리올리Gustave Gaspard Coriolis도 운동하는 물체가 가지는 운동 에너지를 설명하고, 한 형태의 에너지가 다른 형태의 에너지로 전환될 수 있다고 주장했다. 프랑스의 에콜 폴리테크니크École Polytechnique에서 마찰과 유체역학을 연구했던 코리올리는 회전하는 좌표계 위에서 운동하는 물체가 받는 힘인 '코리올리 효과'로 널리 알려져 있다. 1829년에 출판한 『기계의 효과에 대한 계산Du Calcul de L'Effet des Machines』이라는 책에서 코리올리는 운동하는 물체의 에너지가 $\frac{1}{2}mv^2$이라고 설명했다. 이렇게 해서 운동 에너지와 위치 에너지를 포함하는 역학적 에너지가 보존된다는 '역학적 에너지 보존 법칙'이 자리 잡게 되었다.

그러나 열에너지를 포함해서 여러 가지 다른 형태의 에너지를 합한 에너지의 총량이 보존된다는 일반적인 형태의 에너지 보존 법칙은 열에너지에 대한 연구를 통해 확립되었다. 처음 열 현상을 연구한 과학자들은 열이 열소(caloric)의 화학작용이라고 설명했지만, 역학에서 에너지의 개념이 널리 받아들여진 1840년

대가 되자 열도 에너지의 한 형태라고 주장하는 사람들이 나타나기 시작했다.

독일의 의사였던 율리우스 폰 마이어Julius Robert von Mayer는 동인도 회사 소속의 의사가 되어 인도네시아의 자바로 가는 도중, 배 안에서 열이 운동으로 바뀌고 운동이 열로 바뀐다는 생각을 하게 되었다. 인도

에너지 보존 법칙을 처음 제안한 율리우스 폰 마이어 (1814~1878).

네시아에 체류하는 동안 자신의 이론을 발전시킨 그는 1841년에 「힘의 양적 질적 결정에 관하여On the Quantitative and Qualitative Determination of Forces」라는 논문을 썼다. 이 논문에서 마이어는 음식물이 몸 안으로 들어가서 열로 변하고, 이것이 몸을 움직이게 하는 역학적 에너지로 변한다고 주장했다. 또한 모든 종류의 에너지들이 서로 변환되는 것은 가능하지만 전체 에너지의 양은 보존된다고 했다. 즉, 화학 에너지, 열에너지, 역학적 에너지 등은 서로 전환이 가능하지만 에너지를 만들거나 사라지게 할 수는 없다. 그는 이런 주장을 뒷받침하기 위해 구체적인 열과 일의 변환 계수를 제시했다.

마이어는 이 논문을 물리 분야의 전문학술지인 《물리학 및 화학 연보Annalen der Physik und Chemie》에 보냈다. 하지만 편집자는

J

마이어의 논문이 너무 사색적일 뿐만 아니라 실험적 증거가 충분하지 못하다며 출판을 거부했다. 이 논문은 1842년에 《화학 및 약학 연보Annalen der Chemie und Pharmacie》를 통해 발표되었다.

그는 이어서 「무생물계에서의 힘에 관한 고찰」(1842), 「유기체의 운동 및 물질 대사」(1845), 「태양으로 인한 빛과 열의 발생」(1846), 「천체 역학에 관한 기여」(1848) 같은 논문을 발표하고, 우주 전체의 에너지 총량이 보존된다고 주장했다. 태양에서 에너지가 계속 공급되지 않으면 지구는 5000년 안에 식어 버릴 것이라고 주장하기도 했다.

그러나 이런 노력에도 불구하고 에너지 보존 법칙은 학계의 인정을 받지 못했다. 마이어는 1842년에 《화학 및 약학 연보》에 발표한 논문을 제외한 다른 논문들은 모두 자비로 출판해야 했다. 자신의 연구 결과가 인정받지 못하자 크게 실망한 마이어는 우울증으로 자살을 시도하기도 했으며, 정신병원에 수용되기도 했다. 사람들의 관심을 끌지 못했던 이 논문들은 1862년 아일랜드의 물리학자 존 틴들John Tyndall에 의해 재조명되었다. 1869년에는 프랑스 과학 아카데미가 수여하는 퐁셀레 상을 받아 에너지 보존 법칙을 제안한 공로를 인정받았다. 하지만 이미 마이어의 건강이 매우 나빠진 후였다.

독일의 의사였던 헤르만 폰 헬름홀츠Hermann von Helmholtz도 에너지 보존 법칙을 주장했다. 헬름홀츠는 마이어가 1842년에 발표한 논문의 내용을 알지 못한 채 생명체의 열은 생명력에 의한 것이 아니라, 음식물의 화학 에너지에 의한 것이라고 주장했다. 이것은 마이어의 주장보다 훨씬 정리된 형태의 에너지 보존 법칙이었다. 그는 이런 생각이 담긴 논문을 《물리학 및 화학 연보》에 투고했지만, 마이어와 마찬가지로 편

헤르만 폰 헬름홀츠
(1821~1894).

집인으로부터 출판을 거부당하자 물리학회 강연집인 『에너지 보존 법칙에 관해서』(1847)라는 소책자로 출판했다.

헬름홀츠는 에너지 보존 법칙을 제안한 것 외에 상태 변화의 방향을 나타내는 '자유에너지free energy'라는 개념도 제시하여 열역학의 발전에 크게 기여했으며, 전자기학, 유체역학, 음향학, 시각이론 등 여러 분야에서 많은 업적을 남겼다. 독일에서는 헬름홀츠를 기념하기 위해 독일의 가장 큰 과학자 단체를 헬름홀츠협회라고 부르고 있다.

에너지 보존 법칙이 널리 받아들여지게 된 건 영국의 과학자 제임스 줄의 공이라고 할 수 있다. 줄은 실험을 통해 열과 에너지가 서로 전환 가능한 양이라는 것을 밝혀냈다. 1845년에 발표한 「열의 역학적 평형On the Mechanical Equivalent of Heat」이라는 논

문에는 1줄(J)의 역학적 에너지가 0.22676칼로리(cal)의 열량으로 전환된다는 실험 결과가 담겨 있었다. 1850년에는 더욱 정교한 실험을 통해 1줄의 역학적 에너지가 0.24칼로리의 열량과 같다는 것을 알아냈다.

물체를 이루고 있는 입자들은 여러 가지 형태의 에너지를 가지고 있다. 입자들 사이의 화학 결합에 따른 화학 에너지와 원자핵 에너지, 전기 에너지도 가지고 있다. 운동하는 물체는 운동 에너지가 있고, 위치에 따른 위치 에너지도 있으며, 물체를 구성하고 있는 입자들의 열운동에 의한 열에너지도 있다. 에너지 보존 법칙에 따르면, 에너지는 이런 다양한 형태의 에너지로 바뀔 수 있지만 총량은 변하지 않는다.

여러 가지 형태의 에너지 중에서 위치 에너지와 운동 에너지를 역학적 에너지라고 하는데, 역학적 에너지도 보존된다. 에너지 보존 법칙은 모든 경우에 성립하는 일반적인 보존 법칙이지만, 역학적 에너지 보존 법칙은 역학적 에너지 내에서 전환되는 경우에만 성립하는 제한적인 에너지 보존 법칙이다. 1905년에 아인슈타인이 제안한 특수상대성이론에 의하면 질량도 에너지로 전환될 수 있다. 이후 에너지 보존 법칙은 질량을 포함하는 질량-에너지 보존 법칙으로 확장되었다.

우리말에서는 에너지와 힘을 구별하지 않고 모두 힘이라고 표현하는 경우가 많다. 특히 에너지를 나타내는 말에 힘을 뜻하는 력力을 많이 쓰는데, 예를 들면 운동 에너지를 동력動力이라고 하고, 원자핵 에너지를 원자력原子力, 전기 에너지를 전력電力이라고 한다. 정확한 표현이라고 할 수 없지만, 오랫동안 관행적으로 사용되어 왔기 때문에 고치기가 어려워 보인다.

에너지의 단위

일이나 에너지의 크기를 나타내는 단위는 줄joule(J)이다. 처음 에너지의 단위로 제안된 것은 에르그erg(erg)였다. 1881년에 파리에서 개최된 국제전기총회International Electric Congress(1904년까지만 활동)는 처음으로 에너지의 단위를 에르그로 할 것을 제안했고, 1882년에 공식적으로 받아들여졌다. 1에르그(erg)는 1000만분의 1줄(J)에 해당된다. 1882년 8월에 있었던 영국과학진흥협회 회장 취임 연설에서 윌리엄 지멘스Charles William Siemens는 전류의 단위인 암페어(A)와 저항의 단위인 옴(Ω)으로부터 유도한 열량의 단위를 줄로 하자고 제안했다. 당시 제임스 줄은 63세로 아직 생존해 있었다. 지멘스가 제안한 1줄의 열량을 일로 환산하면 10^7에르그에 해당한다.

　　1935년 국제전기표준회의(IEC, International Electrotechnical Commission, 1906년 설립)는 줄(J)을 일의 단위로 새롭게 정의할 것을 제안했고, 1946년에 공식적으로 받아들여졌다. 그리하여 줄

J

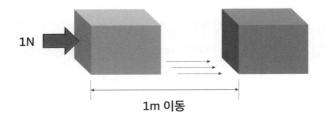

1N

1m 이동

은 전류와 저항으로부터 유도한 열량의 단위가 아니라, 1뉴턴의
힘이 작용해 1미터의 거리를 이동했을 때 한 일의 양을 나타내는
에너지의 단위가 되었다.

지구 표면에서 질량이 1킬로그램인 물체를 들어 올리는 데
는 9.8뉴턴의 힘이 필요하다. 따라서 질량이 1킬로그램인 물체를
1미터 들어 올리는 데 필요한 일의 양은 9.8줄이다. 스마트폰의
질량은 대략 0.2킬로그램이므로 스마트폰을 1미터 들어 올리는
데 필요한 에너지는 약 2줄이다. 스마트폰을 실제로 1미터 들어
올리면서 2줄의 에너지가 어느 정도의 크기인지 느껴 보는 것도
재미있을 것이다.

그런데, 줄(J)은 아주 큰 에너지나 아주 작은 에너지를 나타
내기에는 적당하지 않다. 따라서 그런 경우에는 줄 대신 다른 단
위를 많이 쓴다.

전기 요금은 소비한 전기 에너지의 양에 따라 달라진다. 우
리가 사용한 전기 에너지를 줄로 계산하면 아주 큰 수가 된다. 그

래서 전기 에너지를 이야기할 때는 킬로와트시(kWh)라는 단위를 사용한다. 1킬로와트시는 1킬로와트의 전력을 한 시간 동안 사용했을 때의 전기 에너지를 나타내며, 이는 360만 줄과 같다.

$$1킬로와트시(kWh) = 3.6 \times 10^6 줄(J)$$

킬로와트시가 큰 에너지를 나타낼 때 사용하는 단위라면, 전자볼트(eV)는 아주 작은 에너지를 나타낼 때 사용하는 단위이다. 1전자볼트(eV)는 전자 하나가 1볼트(V)의 전압으로 가속되는 경우 전자가 갖는 운동 에너지를 말한다. 줄로 계산하면 얼마나 될까? 전자 하나의 전하는 1.6×10^{-16}쿨롱(C)이다. 전자 하나가 1볼트의 전압에 의해 가속되면 전자의 운동 에너지는 1.6×10^{-16}줄이 된다. 1줄의 수천조 분의 일밖에 안 되는 작은 에너지이다. 따라서 전자와 같은 작은 입자들을 다룰 때는 줄이라는 단위보다 1.6×10^{-16}줄을 나타내는 전자볼트라는 단위를 사용한다.

$$1전자볼트(eV) = 1.6 \times 10^{-16}줄(J)$$

전자가 1볼트의 전압으로 가속될 때의 에너지가 1전자볼트이므로 100만 볼트의 전압으로 가속되면 100만 전자볼트의 에너지를 갖게 된다. 100만 전자볼트는 100만을 나타내는 'million'의 첫글자 M을 붙여서 MeV로 많이 쓴다. 1조 볼트의 전압으로 가속되면 1조 전자볼트의 에너지를 갖게 되고, 조 전자볼트는 'tera'의 첫글자 T를 붙여서 TeV로 쓴다. 물리학 연구에 사용되는 입자 가속기에서 가속되는 입자들의 에너지는 모두 전자볼트를 이용하여 나타내는데, 이때 MeV나 TeV 단위가 많이 쓰인다. 현재 가동 중인 세계에서 가장 강력한 입자 가속기는 스위스 제네바에 있는 유럽 원자핵 연구소(CERN)가 프랑스와 스위스의 국경에 설치한, 둘레가 27킬로미터나 되는 대형 하드론 충돌가속기(LHC)이다. LHC는 양성자를 6.5조 전자볼트(6.5TeV)까지 가속시킬 수 있어 서로 반대 방향으로 달리는 두 입자를 충돌시킬 경우 13조 전자볼트(13TeV)의 에너지를 방출할 수 있다.

국제단위계에는 들어 있지 않지만 칼로리(cal)도 널리 쓰이는 에너지 단위이다. 1칼로리는 물 1그램을 1℃ 높이는 데 필요한 열량을 나타내는 열량의 단위였다. 그러나 열도 에너지의 한 종류라는 것과 1칼로리가 약 4.2줄에 해당된다는 것이 밝혀져 칼로리도 에너지 단위의 하나가 되었다. 열역학, 화학, 생물학, 의학, 식품 영양학 등의 분야에서는 아직도 칼로리라는 단위가 널리 사용되고 있다. 특히 생물학과 식품 영양학에서는 대문자로 시작되는 칼로리(Cal)라는 단위를 자주 사용하는데 1Cal는 1kcal, 즉 1000cal를 나타낸다. 그러나 물리학에서는 열량도 칼로리보다는 줄을 이용하여 나타내는 경우가 많다.

일과 열의 관계를 밝혀낸 줄

일과 에너지의 단위에 이름을 남긴 과학자, 제임스 프레스콧 줄 James Prescott Joule은 1818년 크리스마스이브에 영국 맨체스터에서 태어났다. 부유한 양조장집 아들이었던 그는 학교에 다니는 대신 유명한 과학자들을 가정교사로 두고 집에서 공부했다. 원자론을 제안한 존 돌턴John Dalton에게도 배웠다.

줄은 어려서부터 전기 현상에 관심이 많아 전기와 관련한 다양한 실험을 했다. 어른이 되어 양조장을 운영하게 된 후에도 과학 실험을 계속했으며, 런던 전기학회Lodon Electrical Society의 회원으로 활동하기도 했다. 1840년경에는 양조장에서 사용하던 증기기관을 새롭게 발명된 전기 모터로 교체하고, 전류에 의해 발생하는 열량을 알아보는 실험을 시작했다. 1년 만인 1841년 그는 전류가 흐를 때 발생하는 열량은, 전류의 곱에 비례하고 저항에도 비례한다는 '줄의 제1법칙'을 발견했다. 그 과정에서 줄은 한 종류의 에너지가 다른 종류의 에너지로 전환되는 현상에 관심을 가지게 되었다.

줄은 전기 모터를 이용한 실험을 계속해 1칼로리(cal)의 열량이 4.1868줄(J)에 해당된다는 것을 알아내고, 1843년 8월 영국과학진흥협회에서 그 결과를 발표했다. 그러나 과학자들이 이러한 실험 결과를 받아들이지 않자, 줄은 전기를 배제하고 역학적 방법으로만 일이 열로 전환된다는 것을 증명하기로 마음먹었다. 처음에는 좁은 관을 통해 물을 빠른 속력으로 흘려보내면서 상승하는 물의 온도를 측정하여, 1칼로리의 열량이 4.140줄에 해당한다는 결과를 얻어 냈다.

역학적 방법으로 얻은 결과가 전기 실험을 통해 얻은 결과와 비슷한 것을 확인한 그는 일이 열로 전환됨을 확신하고, 이를 좀 더 직접적으로 보여 줄 수 있는 또 다른 실험을 계획했다. 이번에는 기체에 압력을 가해 부피를 수축시킬 때 발생하는 열을 측정하여, 1칼로리의 열량이 4.290줄에 해당한다는 결과를 얻었다. 줄은 이 결과를 1844년 6월에 왕립학회에서 낭독했지만 출판은 거절당했다.

1845년에는 열량과 일의 전환과 관련한 또 다른 논문을 케임브리지에서 개최된 영국 학회에서 낭독했다. 이 논문에는 그의 실험 중 오늘날 가장 유명해진 실험 내용이 담겨 있었다. 줄은 떨어지는 물체가 물속의 회전 날개를 회전시킬 때, 물의 온도가 얼마나 상승하는지를 측정했다. 자유낙하하는 물체의 운동 에너지로 인해 발생한 물의 열량을 측정한 이 실험을 통해 줄은 1칼로리의 열량이 4.404줄에 해당된다는 결과를 얻었다. 이 논문은 1845년 9월에 발표되었다. 1850년에는 좀 더 발전시킨 실험으로 보다 정밀하게 측정함으로써 1칼로리가 4.150줄에 해당된다는 결과를 얻었다.

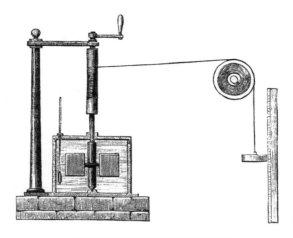

열의 일당량을 측정한 줄의 실험 장치.

    이것은 당시의 과학자들로서는 믿기 어려울 정도로 정밀한
실험이었다. 줄은 0.003℃ 차이를 측정했지만, 그렇게 작은 온도
차이를 측정하는 것이 가능하지 않다고 생각한 과학자들은 줄의
실험 결과를 믿으려고 하지 않았다. 줄이 이렇게 정밀한 실험을
할 수 있었던 것은 오랫동안 전기 모터로 실험하면서 정교한 실
험 방법을 익혔고, 뛰어난 기술자들의 도움을 받았기 때문이었
다. 한편, 원자론을 제안한 돌턴에게 배웠던 줄은 열을 원자나 분
자들의 운동으로 설명하는 분자 운동론을 받아들였지만, 대부분
의 과학자들이 원자의 존재를 받아들게 된 것은 1860년대였다.
따라서 열을 분자의 운동으로 설명한 줄의 이론은 쉽게 받아들
여지지 않았다.

열을 '열소'라는 원소의 작용으로 설명하는 열소설caloric theory의 벽을 뛰어넘는 것도 쉬운 일이 아니었다. 열도 에너지의 일종이라고 주장하는 사람들이 늘어나고는 있었지만, 당시에는 아직 열소설을 지지하는 사람이 더 많았다. 그들은 줄의 실험 결과를 인정하려고 하지 않았다.

그러나 1850년에 독일의 물리학자인 루돌프 클라우지우스 Rudolf Julius Emanuel Clausius가 열기관의 작동을 열역학 제1법칙 (에너지 보존 법칙)과 열역학 제2법칙(후에 엔트로피 증가의 법칙으로 불리게 됨)으로 설명하면서 줄의 실험 결과가 널리 받아들여졌다. 줄은 왕립학회 회원이 되었고, 1852년에는 국왕 메달Royal Medal 을, 1870년에는 코플리 메달을 받았다.

1854년 줄은 윌리엄 톰슨William Thomson(켈빈)과 함께 줄·톰슨 효과Joule-Thomson effect를 발표했다. 압축한 기체를 좁은 통로를 통해 배출하면 온도의 변화가 생기는 현상이 줄·톰슨 효과이다. 기체 분자들끼리 상호작용하지 않는 이상기체ideal gas의 경우에는 온도 변화가 없지만, 실제 기체의 경우에는 분자들 간의 상호작용에 의해 온도 변화가 생긴다. 상온에서, 수소의 경우에는 온도가 올라가지만 다른 기체는 냉각된다. 수소도 영하 80℃ 이하에서는 냉각된다. 기체를 높은 압력으로 압축시켰다 분출시키면 온도가 크게 내려가 액화된다. 줄·톰슨 효과는 기체의 냉각이나 액화, 냉장고의 작동 등에 이용되고 있다.

줄은 정밀한 측정 능력으로 여러 가지 실용적인 도구와 새로운 기술을 발명한 발명가이기도 했다. 금속을 연결할 때 가장 많이 사용하는 아크 용접도 줄이 발명한 것이다. 아크 용접은 용접봉과 용접할 금속 사이에 흐르는 전류를 이용해 열을 발생시켜 용접하는 기술이다. 줄은 1875년 재정상의 어려움으로 더 이상 실험을 할 수 없을 때까지 실험 연구에 필요한 비용을 스스로 조달했다. 1875년 이후 질병에 시달리던 그는 1889년 세상을 떠났다. 영국 브룩랜즈Brooklands 공동묘지에 있는 그의 묘비 상단에는 772.55라는 숫자가 새겨져 있다. 이는 푸트와 파운드 단위로 나타낸 열의 일당량으로, SI 단위로 환산하면 4.158J/cal이다. 오늘날 열의 일당량은 4.186J/cal로 알려져 있다.

제임스 줄의 묘비. 위쪽에 푸트와 파운드 단위로 나타낸 열의 일당량 772.55가 새겨져 있다. 영국 세일 소재 브룩랜즈 공동묘지.

J

와트

제임스 와트(1736~1819)

일률의 크기를 나타내는 단위.

영국의 과학자 제임스 와트의 이름을 땄다.

1초 동안에 1줄(J)의 일을 하는 일률이 1W이다.

SI 유도단위이며, 식으로 나타내면 다음과 같다.

$$W = \frac{J}{s} = \frac{kg \cdot m^2}{s^3}$$

단위 시간 동안 하는 일을 나타내는 일률

두 사람이 상자를 옮기는 일을 하고 있다. 둘은 각자 물건이 가득 들어 있는 무거운 상자 100개씩을 옮겼다. 둘 중 누가 더 일을 잘하는 사람일까? 두 사람이 한 일의 양은 같다. 따라서 이것만으로는 누가 더 일을 잘하는 사람인지 알 수 없다. 그것을 알기 위해서는 상자를 옮기는 데 시간이 얼마나 걸렸는지 따져 보아야 한다. 첫 번째 사람은 상자 100개를 옮기는 데 1시간이 걸렸고, 두 번째 사람은 2시간이 걸렸다면 첫 번째 사람이 두 번째 사람보다 2배 일을 더 잘한다고 할 수 있다.

기계의 경우에도 마찬가지이다. 어느 기계가 성능이 더 좋은지 비교하기 위해서는 같은 시간에 할 수 있는 일의 양을 비교해야 한다. 전체 일의 양을 그 일을 하는 데 걸린 시간으로 나누면 단위 시간 동안에 한 일의 양을 알 수 있다. 그것이 바로 일률이다.

1700년대 중반 영국의 제임스 와트는 증기기관을 개량하는 과정에서 증기기관의 성능을 서로 비교하기 위해 마력horse power이라는 일률의 단위를 사용했다. 당시에 말은 중요한 노동력이었기 때문에 어떤 기계가 말 한 마리와 같은 일을 한다든지, 말 세

마리와 같은 일을 한다고 말하면 이해가 쉬웠다. 와트는 보통의 말이 반지름이 12피트(3.7미터)인 연자방아를 1분에 2.4바퀴 돌린다고 보고, 이것을 1마력으로 삼았다. 영국식 단위 체계인 야드파운드법으로 표현된 이 값을 SI 단위계로 나타내면 약 745.7 와트(W)에 해당한다.

일률은 영어로 power라고 하고, 대개 P라는 기호로 나타낸다. 그런데 우리는 power를 힘이라고 번역하여 사용하는 경우가 많다. '이 기계가 저 기계보다 힘이 좋다'고 말할 때 힘은 power 즉, 일률을 나타낸다. 일상생활에서는 이렇게 사용해도 그 의미를 서로 이해할 수 있으므로 문제가 되지 않지만 과학 시간에는 이렇게 말해서는 안 된다. 힘과 일률은 서로 다른 물리량이기 때문이다. 일률을 식으로 나타내면 다음과 같다.

$$\text{일률(W)} = \frac{\text{일(J)}}{\text{시간(s)}}$$

그런데 '일=힘×거리'이므로 이 식은 다음과 같이 바꿔 쓸 수 있다.

$$\text{일률(W)} = \frac{\text{일(J)}}{\text{시간(s)}} = \frac{\text{힘(N)} \times \text{거리(m)}}{\text{시간(s)}}$$

$$= \text{힘(N)} \times \text{속력(m/s)}$$

따라서 물체에 가해지는 힘에 물체의 속력을 곱해도 일률을 구할 수 있다.

일률의 단위

국제단위계에서 일률의 단위는 1초 동안에 1줄(J)의 일을 하는 일률을 나타내는 와트watt(W)이다. 1882년에 개최된 영국과학진흥협회 52차 총회에서, 당시 회장이었던 윌리엄 지멘스가 일률의 단위 이름으로 와트를 제안했다. 지멘스는 1볼트(V)의 전압 사이에 1암페어(A)의 전류가 흐를 때 하는 일률을 1와트(W)로 하자고 했고, 1908년에 개최된 국제 전기 단위 및 표준 회의International Conference on Electrical Units and Standards에서 지멘스의 제안이 공식적으로 채택되었다. 1948년에 개최된 제9차 국제도량형총회(CGPM)에서는 1와트를 1초 동안에 1줄(J)의 일을 하는 일률(이것은 지멘스가 처음 제안한, 1볼트의 전압 사이에 1암페어 전류가 흐를 때의 일률과 동일하다)로 결정했고, 1960년에 개최된 제11차 국제도량형총회에서 SI 단위로 채택했다.

일률을 계산하기 위해서는 일정한 시간 동안에 한 일의 양을 그 일을 하는 데 걸린 시간으로 나누면 된다. 따라서 바닥에 놓인 질량 0.2킬로그램의 스마트폰을 1미터 높이까지 들어 올리는 데 0.2초가 걸렸다면 일률은 다음과 같이 계산할 수 있다.

0.2킬로그램인 스마트폰을 1미터 높이까지 들어 올리는 데한 일의 양은 아래와 같이 약 2줄(J)이다.

$$0.2\text{kg} \times 9.8\text{m/sec}^2 \times 1\text{m} = 1.96\text{J}$$

따라서, 일의 양을 시간으로 나눈 일률은 다음과 같이 약 10와트가 된다.

$$2\text{J} \div 0.2\text{초} = 10\text{W}$$

질량이 20킬로그램인 쌀을 0.2초 동안에 1미터의 높이까지들어 올렸을 때의 일률은 980와트이다.

$$(20\text{kg} \times 9.8\text{m/sec}^2 \times 1\text{m}) \div 0.2\text{초} = 980\text{W}$$

일률이 매우 클 경우에는 1000와트를 나타내는 킬로와트(kW)를 많이 쓴다. 그런가 하면, 공사 현장에서나 기계의 엔진 성능을 나타낼 때는 와트 대신 아직도 마력이라는 단위를 많이 사용한다.

말 한 필의 일률을 나타내는 마력이라는 단위를 처음 사용한 사람은 와트보다 먼저 증기기관을 발명했던 토머스 세이버리Thomas Savery라고 알려져 있다. 그런데 요즘 사용되고 있는 마력에는 세이버리와 와트가 썼던 영국식 마력(hp) 외에 미터식 마력(PS, 독일식 마력이라고도 한다)도 있다. 킬로와트와 호환되는 미터식 1마력은 질량이 75킬로그램인 물체를 1초에 1미터 들어 올리는 일률을 나타낸다. 따라서 미터식 1마력은 약 735.5와트이다.

$$1미터식\ 마력(PS) = (75kg \times 9.80665m/sec^2 \times 1m) \div 1초$$
$$= 735.49875와트(W)$$

영국식(기계식) 마력은 수치가 약간 달라서 1마력이 약 745.7와트이다.

$$1영국식\ 마력(hp) = 550피트(ft) \cdot 파운드힘(lbf)/s = 745.700W$$
$$(1ft는 약 0.3048m, 1lbf는 약 4.448222N)$$

이처럼 마력 단위로 표현된 일률은 미터식 마력인지, 영국식 마력인지에 따라 값이 약간 다르므로 잘 확인해야 한다.

증기기관 개량으로 산업혁명을 촉발시킨 와트

제임스 와트James Watt는 증기기관을 발명한 사람으로 널리 알려져 있다. 물이 끓을 때 주전자의 뚜껑이 움직이는 것을 보고 와트가 증기기관을 발명했다는 이야기는 유명하다. 그러나 와트는 증기기관을 발명한 사람이 아니라 이미 사용되고 있던 증기기관을 좀 더 성능이 좋고 실용적인 것으로 개량한 사람이다. 와트가 개량한 증기기관이 산업혁명의 기술적 바탕이 되었으므로 그가 증기기관의 발명자라고 알려지게 되었다. 주전자 일화는 누군가가 만들어 낸 이야기지만, 그가 증기기관을 개량하기 위한 실험을 할 때 보일러 대신 주전자를 이용했기 때문에 아예 근거가 없는 건 아니다.

실제로 증기기관을 처음 만든 사람은 드니 파팽Denis Papin, 1647~1712이라는 프랑스 사람이었다. 그는 영국에서 활동하던 시기에, 물을 끓여 수증기를 만들면 압력이 높아져 물체를 높은 곳으로 밀어 올릴 수 있다는 데 착안해서 열을 동력으로 바꾸는 기계 장치, 즉 증기기관을 만들었다. 그러나 그의 증기기관은 너무 느리게 작동했기 때문에 실용적으로 사용할 수는 없었다. 파팽의 기관을 개량하여 실용적으로 사용할 수 있는 증기기관을 만든 사람은 영국의 토머스 뉴커먼Thomas Newcomen, 1663~1729이었다. 뉴커먼의 증기기관도 느리게 작동하기는 했지만 광산에서 물을 퍼 올리는 용도로 사용하기에는 충분했다.

뉴커먼의 증기기관을 개량하여 실용적으로 널리 사용되는 증기기관을 만든 사람이 바로 제임스 와트다. 와트는 1736년 영국 글래스고 근처의 그리녹Greenock에서 태어났다. 런던에서 기계 제작 기술을 배우고 고향으로 돌아온 그는 1757년 말 글래스고 대학에 공작실을 차렸다. 그는 대학에서 사용하는 기계를 제작하거나 수리해 주는 일을 했는데, 1763년에 뉴커먼의 증기기관 모형을 수리하게 되었다. 그런데 수리를 끝내고 작동해 보니

연료 소모가 큰데도 효율이 좋지 않았을 뿐만 아니라, 너무 크고 무거웠다. 와트는 뉴커먼의 증기기관을 개량하여 더 성능 좋은 열기관을 만들기로 했다.

열효율이 좋은 증기기관을 만드는 일은 쉽지 않았다. 일을 시작하고 처음 4년 동안 연구비로 많은 돈을 쓰는 바람에 빚이 늘어나 연구를 포기해야 할 지경에 이르기도 했다. 이때 스코틀랜드에서 제철소를 운영하고 있던 존 로벅John Roebuck이 연구비를 지원했다. 탄광을 운영할 계획이 있었던 로벅은 성능이 좋은 증기기관을 개발하려는 와트의 연구에 관심이 많았다. 로벅은 연구비와 제품 생산 비용, 그리고 특허에 드는 비용을 제공하는 대신 특허 수익의 3분의 2를 갖기로 했다.

뉴커먼 기관의 가장 큰 약점은 수증기를 넣어 뜨겁게 데웠던 실린더에 찬물을 뿌려 실린더를 식혔다가 다시 수증기를 넣는 과정을 반복해야 하는 것이었다. 그러다 보니 실린더로 보내지는 열의 대부분이 동력으로 전환되지 못하고 실린더를 식히는 동안에 낭비됐다. 따라서 증기기관의 열효율을 높이기 위해서는 실린더를 식히지 않고 작동할 수 있는 방법을 찾아야 했다.

오랫동안 이 문제를 해결하기 위해 실험을 거듭하던 와트에게 새로운 아이디어가 떠오른 것은 1765년 5월 어느 날이었다. 와트는 실린더 전체를 식히는 대신 실린더 옆에 새로운 장치를 달고, 수증기를 그리로 빼내 식히는 방법을 생각해 냈다. 그렇게

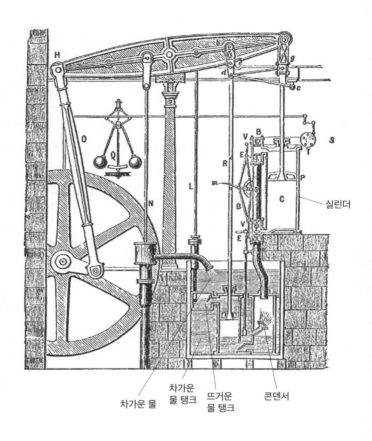

차가운 물   차가운 물 탱크   뜨거운 물 탱크   콘덴서   실린더

열에 의해 발생한 동력을 회전 운동으로 바꾸는 증기기관.
와트의 증기기관은 콘덴서 덕분에 기존의 증기기관보다
빠르게 작동할 수 있었다.

하면 실린더는 뜨거운 상태를 유지할 수 있어 빠르게 작동할 수 있었다. 와트가 새로 부착한 장치를 영어로는 콘덴서condenser라고 부르는데 우리말로는 응축기라고 번역할 수 있다. 콘덴서는 와트가 개량한 증기기관의 가장 중요한 기술적 진보였다. 와트가 새로운 증기기관을 만든 것은 1768년, 특허를 받은 것은 1769년 1월 5일이었다.

1769년에 와트의 증기기관이 광산에 처음으로 설치되었다. 하지만 제대로 작동하지 않았다. 로벅이 운영하던 제철소의 금속 가공 기술로는 용도에 맞는 부품을 만들 수 없었기 때문이었다. 설상가상으로 무리하게 사업을 운영하던 로벅이 1773년 파산하여 더 이상 와트에게 사업 자금을 댈 수 없게 되면서, 와트는 한동안 증기기관과 관련된 일을 중단해야 했다.

그러다 버밍엄에서 사업을 하고 있던 매슈 볼턴Matthew Boulton을 만나면서 상황이 달라지기 시작했다. 로벅이 자신에게 지고 있던 빚을 탕감해 주는 대가로 로벅의 특허 지분을 넘겨받은 볼턴은, 1774년 와트와 공동으로 '볼턴앤드와트'라는 회사를 설립하고 본격적으로 증기기관 사업을 시작했다. 사업 수완이 뛰어났던 볼턴은 경영을 맡았고, 와트는 증기기관을 개량하고 생산하는 일을 맡았다.

와트와 볼턴은 계속해서 증기기관을 개량했다. 금속과 기계 공업이 발달했던 버밍엄에서는 와트가 필요로 하는 부품을 쉽게 구할 수 있었기 때문에 연구 개발에 큰 도움이 되었다. 처음 와트가 만든 증기기관의 피스톤은 상하 왕복운동만 할 수 있었다. 그러나 볼턴의 제안을 받아들인 와트는 피스톤의 왕복운동을 회전운동으로 바꾸는 장치를 개발했다. 그 덕분에 광산의 물을 퍼 올리는 용도로뿐만 아니라 방직공장을 비롯한 많은 공장에서도 증기기관을 사용할 수 있게 되었다. 1775년과 1785년 사이에 와트와 볼턴은 증기기관과 관련하여 5개의 특허를 더 받았다.

와트가 개량한 증기기관이 탄광에 성공적으로 설치된 1776년부터 특허 기간이 만료된 1800년까지 볼턴앤드와트는 496대의 증기기관을 설치했다. 이 중 164대는 양수용이었고, 308대는 회전형 증기기관으로서 주로 방직기계를 작동하기 위한 것이었다. 1785년에 와트는 영국 과학자들의 모임인 왕립학회 회원이 되었다. 1790년 이후 조용히 연구 생활을 계속하던 와트는 1816년 8월 25일에 83세로 세상을 떠났다. 그의 유해는 영국의 위대한 인물들과 함께 웨스트민스터 사원에 안장되었다.

1760년에서 1820년 사이에 영국에서 시작된 기술혁신의 결과로 일어난 사회와 경제의 커다란 변화를 산업혁명 또는 제1차 산업혁명이라고 부른다. 제1차 산업혁명에서 주도적인 역할을 한 것은 면직물 공업이었다. 1700년대부터 면직물의 수요가 급증하자 면직물 공업이 크게 발전하기 시작했다. 이때 면직물의 대량 생산 체제를 갖출 수 있었던 것은 와트가 개량한 증기기관을 사용했기 때문이었다. 산업혁명 동안에 면직물 공업뿐만 아니라 철강 공업과 같은 다른 분야에서도 기계를 사용하는 기계 공업이 크게 발전하여 가내 수공업에서 기계 공업으로의 전환이 이루어졌다.

A 암페어

앙드레 마리 앙페르(1775~1836)

전류의 양을 측정하는 데 사용하는 SI 기본단위.
프랑스 물리학자 앙드레 마리 앙페르의 이름에서 왔다.
1A는 1초 동안에 $6.241\,509\,074 \times 10^{18}$개의
전자가 지나갈 때의 전류의 크기를 나타낸다.

이동하는 전하

세상을 이루고 있는 모든 물체는 분자로 이루어져 있고, 분자는 다시 원자로 이루어져 있다. 원자는 전하를 띤 전자와 양성자 그리고 전하를 띠지 않은 중성자로 구성된다. 그러나 대부분의 물체는 전기적으로 중성이다. 물질을 이루고 있는 원자가 같은 수의 양성자와 전자를 가지고 있고, 양성자와 전자의 전하는 서로 크기가 같고 부호는 반대이기 때문이다.

그러나 물체끼리 접촉하거나 마찰하면 전자가 한 물체에서 다른 물체로 이동하여 전자와 양성자의 수가 달라지기도 한다. 전자를 잃거나 얻어 전하를 띠게 된 원자나 분자를 '이온ion'이라고 부른다. 이온은 화학반응에서 중요한 역할을 한다. 한편, 접촉이나 마찰을 통해 한 물체에서 다른 물체로 이동한 전자들은 물체에 쌓여 있기도 하고, 물체를 통해 흘러가기도 한다. 마찰을 통해 한 물체에서 다른 물체로 이동한 전자가 한곳에 쌓여 있는 것이 바로 '정전기'이다. 물체가 정전기를 띠면 다른 물체를 끌어당긴다.

물체를 마찰했을 때 서로 잡아당기거나 밀어내는 현상은 기원전부터 알려져 있었다. 그러나 전기 현상을 과학적으로 연구하기 시작한 것은 1600년에 영국의 윌리엄 길버트William Gilbert가 『자석에 대하여(원제: 자석과 자성체, 그리고 지구라는 거대한 자석에 대하여De Magnete, Magneticisque Corporibus, et de Magno Magnete Tellure)』라는 책을 출판한 이후부터였다. 길버트는 이 책에서 전기 현상과 자기 현상이 전혀 다른 현상이라고 주장하고 전기 현상을 나타내는 물질과 자기 현상을 나타내는 물질을 구분했다. 이로 인해 전기와 자석이 서로 다른 현상이라고 생각하게 되었다.

길버트 이후 많은 과학자들이 전기 현상을 과학적으로 연구했다. 16세기에 그들의 주된 관심은 마찰로 생긴 전기가 물질을 통해 어떻게 흘러가는지를 알아내는 것이었다.

전기가 물체를 통해 다른 물체로 전달되는 현상을 체계적으로 처음 연구한 사람은 영국의 스티븐 그레이Stephen Gray였다. 그는 1729년과 1736년 사이에 다양한 실험을 통해, 마찰로 대전된 유리 막대의 전기가 다른 물체로 흘러가면 다른 물체도 전기를 띠게 됨을 보였다. 전기가 잘 흘러가는 도체와 전기가 잘 흐르지 않는 부도체로 물질을 구분하기도 했다. 그는 전하를 띤 유리관을 물에 젖은 끈을 이용해 200미터나 떨어져 있는 코르크와 연결했을 때도 코르크가 전기를 띠는 것을 확인했다. 하지만 유리관과 코르크를 연결한 선이 땅에 닿으면 전기가 전달되지 않았다.

프랑스의 화학자 샤를 뒤페Charles du Fay, 1698~1739는 전기가 물체를 따라 흘러가는 까닭은 전기가 눈에 보이지 않는 유체로 이루어져 있기 때문이라고 주장했다. 그는 전기 유체에는 유리전기와 수지전기의 두 종류가 있으며, 두 가지 전기 유체를 같은 양으로 가지고 있는 중성의 물체는 대전체에 끌려오지만 대전체와 접촉하여 두 가지 전기 유체 사이의 균형이 깨지면 서로 밀어낸다고 설명했다.

프랑스의 가톨릭 수도사로 수도원장을 지내기도 했던 장 앙투안 놀레Jean Antoine Nollet, 1700~1770는 연기나 수증기 속에서 전기가 어떻게 흐르는지, 전기가 액체의 증발에 어떤 영향을 주는지, 식물이나 동물에게는 또 어떤 영향을 주는지 연구했다. 그는 대전체 사이에 작용하는 척력과 인력을 이용하여 전하를 측정하는 검전기를 만들기도 했다.

전류에 대한 연구가 새로운 국면을 맞이한 것은 1820년에 네덜란드의 한스 크리스티안 외르스테드Hans Christian Ørsted가 전류가 자석의 성질을 만들어 낸다는 '전류의 자기작용'을 발견한 다음부터였다. 길버트가 전기력과 자기력이 전혀 다른 힘이라고 주장한 이후 오랫동안 과학자들은 전기력과 자기력을 아무런 관계가 없는 서로 다른 힘이라고 생각했다. 그러나 외르스테드는 전류가 흐르는 도선 주위에 놓여 있는 나침반이 움직이는 것을 우연히 발견했다. 이는 전류가 흐르는 도선 주위에 자석의 성질이 만들어졌음을 의미했다. 자석의 성질도 전하가 만들어 내는

한스 크리스티안 외르스테드
(1777~1851).

현상이라는 것을 알게 된 것이다.

얼마 후 에콜 폴리테크니크의 교수로 있던 앙페르는 도선에 전류가 흐를 때 만들어지는 자기장의 방향과 세기를 결정할 수 있는 '앙페르의 법칙Ampère's law'을 발견했다. 앙페르의 법칙에 따르면, 도선에 전류가 흐를 때 만들어지는 자기장의 방향(자석의 N극 방향을 말한다)은 오른손 엄지를 전류가 흐르는 방향으로 했을 때 도선을 감싸는 나머지 손가락의 방향과 같다. 이것을 '오른나사의 법칙'이라고 하는데, 오른나사가 나가는 방향을 전류의 방향이라고 하면 나사를 돌리는 방향이 자기장의 방향이 되기 때문이다.

앙페르는 전류가 흐르는 두 도선 사이에는 밀거나 당기는 힘이 작용하며, 이때 작용하는 힘의 세기는 도선의 길이와 전류

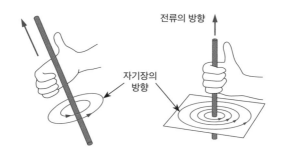

전류의 방향

자기장의 방향

오른나사의 법칙. 오른나사가 나가는 방향이 전류의
방향이면 오른나사를 돌리는 방향이 자기장의 방향이다.

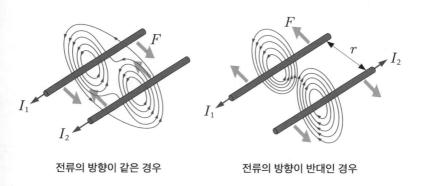

전류의 방향이 같은 경우

전류의 방향이 반대인 경우

앙페르의 힘의 법칙. 나란한 두 도선에 같은 방향의 전류가 흐르면
인력이 작용하고, 반대 방향의 전류가 흐르면 척력이 작용한다.

의 곱에 비례하고, 도선 사이의 거리에 반비례한다는 '앙페르의 힘의 법칙Ampère's force law'도 발견했다.

도선의 단위길이에 작용하는 힘의 크기를 식으로 나타내면 다음과 같다.

$$F = \frac{\mu_0}{2\pi} \frac{I_1 I_2}{r}$$

따라서, 두 도선에 같은 크기의 전류가 흐를 때 작용하는 힘의 크기는 다음과 같다.

$$F = \frac{\mu_0}{2\pi} \frac{I^2}{r}$$

식에서 μ_0는 공간의 자기적 성질을 나타내는 상수인 투자율이고, r은 두 도선 사이의 거리를 나타낸다.

전기력이 전하 사이에 항상 작용하는 힘이라면, 자기력은 움직이는 전하 사이에 작용하는 힘이라는 것을 알게 된 것이다. 이러한 발견을 통해 전기 현상을 연구하는 전기학과 자석의 성질을 연구하는 자기학은 전자기학으로 통합되었다. 또한, 과학자들은 전류에 의해 만들어지는 자기장의 성질을 연구하는 한편, 자석을 움직여 전류를 발생시키는 발전기의 원리를 알아냈다.

우리는 발전소에서 전기를 생산한다는 말을 많이 듣는다. 그러나 발전기가 전자나 양성자와 같이 전하를 띤 입자를 만들어 내는 것은 아니다. 발전소에서 생산하는 것은 전하가 아니라 전류이다. 한곳에 가만히 머물러 있는 전하는 일을 할 수 없지만, 흐르는 전하인 전류는 에너지를 가지고 있어 일을 할 수 있다. 발전소에서는 전하가 흐르게 해서 전류를 만듦으로써 전기 에너지를 생산한다.

전류가 흐를 때 도선 안을 지나가는 것은 전자들이다. 전자는 규칙적으로 배열되어 있는 도선의 원자나 분자와 부딪히면서 어렵게 지나가기 때문에 전자가 도선 속을 달리는 속도는 초속 1센티미터도 안 될 만큼 아주 느리다. 그러나 아주 긴 도선으로 연결되어 있는 스위치를 올리면 그 즉시 전등이 켜진다. 도선 안에 전자가 가득 들어 있어 한쪽으로 전자가 들어오는 순간 반대편으로 전자가 나가기 때문이다. 그래서 전류는 도선 안을 전자기파의 속력, 즉 빛의 속력으로 흐른다.

그런데 전류의 방향은 실제로 전자가 달려가는 방향과 반대 방향이다. 도선에 전류가 흐를 때는 마이너스 전하를 띤 전자가 음극에서 양극으로 이동해 간다. 양이온과 음이온이 들어 있는 전해질 안에서는, 음이온은 음극에서 양극으로 이동하고 양이온은 양극에서 음극으로 이동한다. 하지만 전자기학에서는 전자가 음극에서 양극으로 이동하든 양이온이 양극에서 음극으로 이동하든, 전류의 방향은 양극에서 음극으로 흐르는 것으로 정해 놓았다. 그래서 전자가 달려가는 방향과 전류의 방향은 반대가 되었다.

전류에는 한 방향으로만 흐르는 직류뿐 아니라, 전류의 방향이 계속 바뀌는 교류도 있다. 전기가 널리 사용되기 시작한 20세기 초에는 직류와 교류 중에서 어느 것이 더 사용하기에 편리한지를 놓고 과학자들이 '전류 전쟁'을 벌이기도 했지만, 현재는 변압기를 이용하여 손쉽게 전압을 올리거나 내릴 수 있는 교류가 주로 사용되고 있다. 우리가 사용하는 가정용 전기는 1초에 전류의 방향이 60번 바뀌는 교류이다. 가정용 도선 안에서는 전자들이 한 방향으로 이동해 가는 것이 아니라 한곳에서 1초에 60번씩 좌우로 진동하고 있다. 그러므로 전류는 전자가 이동해 가는 것이 아니라 전자가 진동하는 것이라고도 할 수 있다.

전류의 단위

1861년에 영국의 전기공학자로 대서양 횡단 해저 케이블 설치를 주도했던 찰스 브라이트Charles Tilston Bright와 조사이아 클라크Josiah Latimer Clark는 전기 관련 단위의 통일된 체계가 필요하다는 주장을 담은 논문을 영국과학진흥협회에 제출했다. 이들이 이 논문을 통해 제안한 단위 중 전류의 단위인 암페어(A), 저항의 단위인 옴(Ω), 전압의 단위인 볼트(V)는 전기 관련 단위의 기초가 되었다.

국제전기총회에서 암페어ampere(A)를 전류의 단위로 공식 채택한 것은 1881년이었다. 앞서 살펴본 것처럼, 전류가 흐르는 평행한 두 도선 사이에 작용하는 힘의 크기는 다음과 같다.

$$F = \frac{\mu_0}{2\pi} \frac{I^2}{r}$$

처음에는 이 식을 바탕으로, 1센티미터 떨어져 있는(r=1cm) 평행한 도선에 같은 크기의 전류가 흐를 때 도선 1센티미터가 2다인(10만 분의 1뉴턴)의 힘을 받는 전류의 크기를 1암페어로 정의했다.

이후, '1암페어는 1미터의 거리를 두고 평행하게 놓인 두 도선에 같은 크기의 전류가 흐를 때 도선 1미터에 2×10^{-7}뉴턴(N)의 힘이 작용하는 전류'로 다시 정의되었다. 이 정의는 2018년에 전자의 전하를 이용하여 1암페어를 재정의할 때까지 계속해서 사용되었다. 한때는 질산은(AgNO)을 전기분해할 때 1초 동안에 은 0.001118그램(g)을 석출시키는 전류를 1암페어로 정의하기도 했다. 그러나 후에 이때 흐르는 전류는 1암페어가 아니라 0.99985암페어라는 것이 밝혀졌다.

전류는 전력과 전압을 이용하여 정의할 수도 있다. 전기의 일률을 나타내는 전력(P)이 전압(V)과 전류(I)의 곱으로 나타내지기 때문이다($P=VI$). 즉, 전압이 1볼트(V)인 전원에 연결했을 때 전력이 1와트(W)인 부하에 흐르는 전류가 1암페어이다. 혹은, '전압이 1볼트인 전원에 저항(R)이 1옴(Ω)인 도선을 연결했을 때

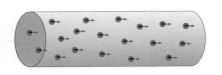

1A는 10^{19}개의 전자가
1.602176634초 동안에
지나가는 전류이다.

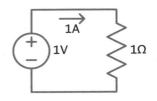

전압 1볼트(V)인 전원에
저항이 1옴(Ω)인 도선을
연결했을 때 도선에
흐르는 전류는 1A이다.

도선에 흐르는 전류가 1암페어다($V=IR$)'와 같이 전압과 저항을
이용해 전류를 정의할 수도 있다.

그러나 2018년에 개최된 제26차 국제도량형총회에서 전자
의 전하인 기본 전하를 $1.602176634 \times 10^{-19}$쿨롱(C)으로 확정하
고, 10^{19}개의 전자가 1.602176634초 동안에 지나가는 전류, 또
는 1초 동안에 $6.241509074 \times 10^{18}$개의 전자가 지나가는 전류를
1암페어(A)로 정의했다. 자연에 존재하는 기본상수의 하나인 기
본 전하를 바탕으로 전류의 단위를 새롭게 정의한 것이다.

220볼트의 전원에 연결된 30와트짜리 형광등에는 약 0.14
암페어의 전류가 흐르지만, 100와트짜리 백열전구에는 0.45암
페어의 전류가 흐른다. 따라서 100와트짜리 백열전구가 30와트
짜리 형광등보다 전기 에너지를 3배 이상 더 많이 소모한다. 그

러나 밝기는 30와트짜리 형광등이 100와트짜리 백열등보다 더 밝다. 필라멘트를 가열하여 빛을 내는 백열전구보다 높은 전압에 의해 가속된 전자가 형광물질과 충돌하여 빛을 내는 형광등이 더 효과적으로 가시광선을 만들어 내기 때문이다. 현재 조명용으로 널리 쓰이는 LED 전등은 형광등보다도 전력은 더 적게 사용하면서도 더 밝은 빛을 낸다.

가정용 전기 제품 중에서도 전기 소모가 큰 에어컨에는 크기에 따라 1암페어 내지 5암페어의 전류가 흐른다. 우리가 자주 사용하는 노트북을 220볼트의 교류 전원에 연결하면 어댑터가 교류를 직류로 바꿔 노트북에 공급한다. 노트북의 크기와 구조에 따라 다르기는 하지만 220볼트의 교류 전원에 연결된 노트북 어댑터는 20볼트 이하의 직류를 만들어 내고, 전류는 2암페어를 넘지 않는다. 이것은 노트북이 사용하는 전력이 40와트를 넘지 않음을 뜻한다. 교류를 직류로 전환하는 어댑터는 이처럼 에너지 소모가 크지 않지만 어댑터에서 발생하는 열만큼의 에너지 손실은 감수해야 한다.

전기를 사용하는 곳에는 항상 전기 차단기가 설치되어 있다. 전기 차단기는 회로에 미리 정해 놓은 것 이상의 전류가 흐를 때 전류를 차단하는 장치이다. 가정에는 두꺼비집 근처에 용도와 사용 전력에 따라 몇 개의 차단기가 설치되어 있지만 전기를 많이 쓰는 전기 기구를 사용할 때는 개별적으로 전기 차단기를 설치해야 한다. 일반적으로 10암페어 이상의 전류가 흐르는 전기 기구에는 별도의 차단기를 설치하는 것을 추천하고 있다. 10암 페어 이상의 전류가 흐르는 가전 제품에는 난방용 보일러나 인 덕션 레인지가 있다.

전기학의 뉴턴으로 불린 앙페르

전류의 세기를 나타내는 단위에 이름을 남긴 앙드레 마리 앙페 르André Marie Ampère는 1775년에 프랑스 리옹에서 태어났다. 리 옹시 공무원이었던 아버지는 앙페르가 7살이 되자 앙페르의 교 육에 더 많은 시간을 할애하기 위해 리옹에서 가까운 시골로 이 주했다. 앙페르는 학교에 다니지 않았지만, 아버지의 교육 덕분 에 라틴어를 비롯한 어학과 다양한 분야의 과학 지식을 습득할 수 있었다.

백과사전을 즐겨 읽었던 앙페르는 지식과 사물을 분류하기 를 좋아했고, 수학에 관심이 많았다. 열세 살 때는 원주와 길이가 같은 선분을 그리는 방법을 연구한 논문을 리옹 아카데미에 제 출했다. 원주를 무한하게 작은 구간으로 나누어 계산하는 자신의 방법이 독창적인 것이라고 생각했던 앙페르는 그것이 미분 기하 학에서 이미 사용되고 있던 방법이라는 것을 알고 미분 기하학 에 관심을 가지게 되었다. 그는 리옹의 수도승으로부터 미분 기하학을 배웠고, 오일러, 베르누이, 라그랑주 같은 학자들의 역학 이론을 공부하기도 했다.

그러나 앙페르는 1789년에 일어난 프랑스 대혁명으로 인해 큰 시련을 겪게 된다. 혁명이 일어나고 나서도 1791년까지 직책을 수행하던 아버지가 정치적 사건에 휘말려 1792년에 단두대에서 처형당한 것이다. 이후 그는 한동안 모든 공부를 포기했다. 그러다 1797년에 줄리라는 여성을 만나 약혼하면서 생활비를 벌기 위해 리옹에서 수학 가정교사로 일하기 시작했다. 1799년에 줄리와 결혼한 후에도 가정교사 일을 계속하던 앙페르는 1802년에 에콜 상트랄 부르École Centrale de Bourg-en-Bresse의 물리학 겸 화학 교수가 되었다. 아내의 병 때문에 부르에서 1년간 혼자 지내는 동안 그는 물리학과 화학을 가르치면서 주로 수학을 연구했고, 1803년 파리 아카데미에 게임을 수학적으로 분석한 확률이론 논문과 미분학 관련 논문을 제출했다.

몸이 허약해 오랫동안 병으로 고생하던 아내가 1803년에 세상을 떠나자 크게 좌절한 앙페르는 새로운 환경에서 새로운 삶을 시작하기 위해 파리로 이사했다. 수학자로서 좋은 평가를 받았던 그는 파리로 이주한 이듬해인 1804년에 에콜 폴리테크니크의 해석학 강사가 되었다. 공식적인 교육을 받지 않았음에도 당시 프랑스에서 가장 유명한 에콜 폴리테크니크의 강사가 되었다는 것은 그의 연구가 높은 평가를 받았음을 말해 준다. 두 번째 결혼이 2년도 안 돼 파경을 맞는 어려움을 겪었지만, 1809년 앙페르는 에콜 폴리테크니크의 수학 교수로 임명되었다.

에콜 폴리테크니크의 교수로 있던 1820년에 그는 외르스테드가 전류의 자기작용을 발견했다는 소식을 들었다. 앙페르의 동료였던 프랑수아 아라고는 프랑스 과학 아카데미의 회원들 앞에서 외르스테드의 실험을 재현해 보여 주었다. 아라고의 실험에 크게 감명을 받은 앙페르는 실험을 통해 전류가 흐르는 도선 사이에 자기력이 작용한다는 것을 알아내고 이를 아라고의 실험 2주 후에 과학 아카데미에서 발표했다.

1821년에서 1825년 사이에 이루어진 전류의 자기작용에 대한 본격적인 연구 결과는 1827년에 「실험으로부터 추론한 전기역학적 현상의 수학적 이론에 관하여*Mémoire sur la Théorie Mathématique des Phénomènes Électrodynamiques Uniquement Déduite de L'Experience*」라는 논문으로 발표되었다. 이 논문에는 전류의 자기작용과 관련된 기본 법칙들이 담겨 있었다. 전류가 흐르는 두 도선 사이에 작용하는 힘의 세기는 도선의 길이와 전류의 곱에 비례하고, 도선 사이의 거리에 반비례한다는 앙페르의 힘의 법칙도 이 논문에 포함된 기본 법칙 중 하나였다.

그가 발견한 법칙 중 가장 중요한 앙페르의 법칙도 이 논문에 들어 있었다. 도선 주위에 만들어지는 자기장의 방향과 세기를 구할 수 있는 앙페르의 법칙은 방향과 크기를 모두 고려해야

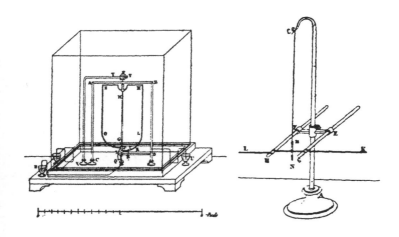

앙페르의 1827년 논문에 수록된 실험 장치 그림.

하는 벡터 방정식이다. 이 벡터 방정식이 나타내는 내용을 자기
장의 방향만을 알아낼 수 있도록 간단하게 나타낸 법칙이 오른
나사의 법칙이다.

전류가 흐르면 주위에 자기장이 형성된다는 것을 나타내는
앙페르의 법칙은 후에 제임스 클러크 맥스웰James Clerk Maxwell
에 의해 일부 수정되었다. 맥스웰은 전자기학에 대한 여러 과학
자들의 연구 결과를 모아 전자기학을 완성한 인물이다. 맥스웰은
앙페르의 법칙에, 전류가 흐를 때뿐만 아니라 공간에서 전기장의
세기가 변하는 경우에도 자기장이 만들어진다는 것을 의미하는
항을 다음과 같이 추가했다.

$$\nabla \times \mathbf{H} = \mathbf{J} + \frac{\partial \mathbf{D}}{\partial t}$$

앙페르의 법칙 　　 맥스웰이 추가한 항

　수정된 앙페르의 법칙은 전자기학의 기본이 되는 맥스웰 방정식의 방정식 네 개 중 하나가 되었다.

　1821년부터 전기와 관련된 새로운 과학을 열정적으로 연구해 오던 앙페르는 1827년 이후에는 건강이 나빠져 더 이상 연구 활동을 할 수 없게 되었다. 연구 활동을 중단한 후에도 대학의 행정 업무를 수행하던 그는 1836년 마르세유에서 폐렴으로 세상을 떠났다. 전자기학을 완성한 제임스 클러크 맥스웰은 앙페르를 '전기학의 뉴턴'이라고 불렀다.

프랑스 리옹시에 있는 마리 앙페르 동상. ©Chabe01/ CC BY-SA 4.0

129

C 쿨롱

Charles Augustin de Coulomb

샤를 오귀스탱 드 쿨롱(1736~1806)

전하의 단위.

프랑스의 물리학자이자 공학자인 샤를 오귀스탱 드 쿨롱의
이름을 땄다. 1C은 1암페어(A)의 전류가 1초 동안 흘렀을 때
이동한 전하의 크기를 나타낸다.
SI 유도단위이며, 기본단위로 나타내면 다음과 같다.

$$C = A \cdot s$$

전자기 현상을 일으키는 전하

전자기력은 전하 사이에 작용하는 힘이다. 이것은 전하가 전기력이 작용하도록 하는 물리적인 실체라는 의미이다. 그런데 전하電荷라는 말의 '荷'에는 짐이나 화물이라는 뜻도 포함되어 있어서, 전기적 성질을 나타내는 어떤 실체의 양을 나타낸다고 해석할 수도 있다. 그런가 하면, 전하를 전기적인 성질을 나타내는 어떤 실체라고 이해하고 그 양은 전하량이라고 부르는 경우도 있다. 예를 들어, "전자의 전하는 약 1.6×10^{-19}쿨롱이다"라고도 하고, "전자의 전하량은 약 1.6×10^{-19}쿨롱이다"라고 말하기도 한다. 이 책에서는 국제단위계 제9판의 표현을 따라 "전자의 전하는 약 1.6×10^{-19}쿨롱(C)이다"라고 통일해서 썼다. 전하를 전하량의 의미로 사용한 것이다.

전기력의 존재는 마찰전기 등을 통해 오래전부터 잘 알려져 있었다. 18세기 초에는 뉴턴의 중력 법칙처럼 전기력도 거리의 제곱에 반비례한다고 생각하는 과학자들이 나타났다. 산소의 발견자로도 잘 알려진 영국의 조지프 프리스틀리Joseph Priestley는 전기를 띤 구로 실험한 결과를 바탕으로, 전하 사이의 전기력이 중력처럼 역제곱 법칙을 따를 것이라고 예견했다.

두 전하 사이의 힘을 정확하게 측정한 사람은 19세기 말 프랑스의 공학자이자 물리학자였던 샤를 오귀스탱 드 쿨롱이다. 쿨롱은 작은 크기의 힘도 정밀하게 측정할 수 있는 비틀림 저울을 직접 개발하여 실험에 성공할 수 있었다. 그는 두 전하 사이에 작용하는 힘의 크기가 전하의 곱에 비례하고 거리 제곱에 반비례한다는 사실을 알아냈다. '쿨롱의 법칙Coulomb's law'으로 불리는 이것을 식으로 나타내면 다음과 같다.

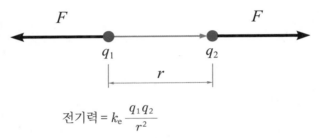

$$전기력 = k_e \frac{q_1 q_2}{r^2}$$

(q_1과 q_2는 두 전하, r은 두 전하 사이의 거리, k_e는 비례상수)

이후, 전하는 전자가 가지고 있는 기본 전하의 정수배로만 측정된다는 사실이 밝혀졌다. 기본 전하는 e라는 기호로 나타내는데, 그 값은 $1.602176634 \times 10^{-19}$쿨롱이다. 이 값은 국제단위계의 바탕이 되는 일곱 가지 정의 상수 중 하나이다(2장 참고). 따라서 앞으로 행해질 새로운 측정에 의해 바뀌지 않는 값이며 오차가 없는 값이다.

양전자陽電子, positron는 물리적 성질이 전자와 모두 같지만 전하의 부호가 반대인 입자이다. 이처럼, 다른 물리적 성질은 같으면서 전하의 부호만 반대인 입자를 서로의 반입자反粒子, antiparticle라고 한다. 모든 입자는 반입자가 있다. 전자의 반입자는 양전자이고, 양성자의 반입자는 반양성자이며, 중성자의 반입자는 반중성자이다. 전하가 없는 중성자가 어떻게 반입자를 가질 수 있을까? 중성자는 더 작은 입자인 쿼크 세 개로 이루어져 있다. 중성자는 전하를 띠고 있지 않지만 중성자를 구성하고 있는 쿼크들은 전하를 가지고 있다. 반중성자를 이루고 있는 쿼크들은 중성자를 이루고 있는 쿼크들과 전하가 반대이다.

입자와 반입자가 만나면 에너지로 붕괴하기도 하고, 에너지에서 입자와 반입자 쌍이 만들어지기도 한다. 그러나 입자의 붕괴와 생성이 항상 쌍으로만 진행되기 때문에 이 과정에서 우주

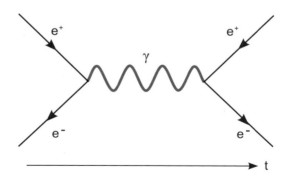

전자(e-)와 전자의 반입자인 양전자(e+)가 만나면 소멸되어
감마선이 생기고, 감마선은 다시 전자와 양전자 쌍을 생성한다.

C

의 전체 전하는 변하지 않는다. 따라서 전체 전하는 보존된다. 그러나 현재 우주는 입자로 구성된 보통의 원자들로 이루어져 있고, 반입자는 특수한 경우에만 관측된다. 이것은 우주 초기에 있었던 에너지와 물질의 전환 과정에서 입자가 반입자보다 더 많이 만들어졌기 때문이다. 과학자들은 에너지가 물질로 전환되는 과정에 입자가 반입자보다 조금 더 많이 만들어지는 비대칭성이 존재한다는 것을 밝혀냈다. 이러한 비대칭성으로 인해 물질로 이루어진 우주가 존재하게 되었다.

전하의 단위

1881년 국제전기총회는 전위차를 나타내는 단위인 볼트(V)와 함께 전하의 단위를 쿨롱coulomb(C)으로 할 것을 의결했다. 쿨롱의 법칙을 발견한 샤를 오귀스탱 드 쿨롱의 업적을 기리기 위해서였다. 1쿨롱(C)은 1암페어(A)의 전류가 흐르는 경우 1초 동안에 이동한 전하를 나타낸다. 그런데 전자나 양성자가 가지고 있는 기본 전하의 값이 $1.602176634 \times 10^{-19}$쿨롱이므로 1쿨롱은 전자 $6.24150907 \times 10^{18}$개의 전하라고도 할 수 있다.

전하가 최솟값의 정수배로만 존재한다는 것을 알게 된 영국의 조지 스토니George Johnstone Stoney는 1891년에 전하의 기본 단위를 '전자'라고 부르자고 제안했다. 1897년에 음극선관cathode-ray tube 실험을 통해 음극선이 같은 양의 음전하를 갖는 입자들로 이루어졌다는 것을 밝혀낸 영국의 조지프 존 톰슨Joseph John Thomson은 이 입자를 미립자微粒子, corpuscles라고 불렀다. 그러나 사람들은 '미립자' 대신 스토니가 제안한 전자電子, electron라고 부르기 시작했다. 전하의 최솟값을 나타내기 위해 제안된 전자라는 단위가 기본 전하를 지닌 입자의 이름이 된 것이다.

한편, 전기화학 분야에서는 전하를 나타내는 단위로 패러데이(faraday)가 쓰이기도 한다. 1패러데이는 1몰(6.022×10²³개)의 전자가 가지고 있는 전하를 나타내므로 9만 6485.33289쿨롱에 해당한다.

그렇다면 각각 1쿨롱인 두 전하가 1미터 떨어져 있을 때 이들 사이에 작용하는 전기력의 세기는 얼마나 될까? 앞에서 전하 사이에 작용하는 전기력을 다음과 같은 식으로 나타냈다.

$$\text{전기력(N)} = \text{비례상수}(k_e) \times \frac{q_1(\text{C}) \; q_2(\text{C})}{(\text{거리(m)})^2}$$

그런데 이 식에 포함되어 있는 비례상수(k_e)의 값은 90억(9×10⁹)이나 되는 큰 값이다. 따라서 각각 1쿨롱인 두 전하가 1미터 떨어져 있는 경우 90억 뉴턴의 전기력이 작용함을 알 수 있다. 90억 뉴턴은 우리가 일상생활에서 경험할 수 없는 아주 큰 힘이다. 이것은 1쿨롱이 아주 큰 전하라는 것을 의미한다. 그러나 전자나 양성자의 전하는 매우 작기 때문에 양성자와 전자 사이에 작용하는 전기력의 크기는 아주 작다. 약 1.6×10^{-19}쿨롱의 전하를 가지고 있는 전자와 양성자가 1미터 떨어져 있는 경우 전자와 양성자 사이에 작용하는 전기력은 2.56×10^{-29}뉴턴에 불과하다.

두 물체를 마찰하면 전자를 잃기 쉬운 물체에서 전자를 얻기 쉬운 물체로 전자들이 이동한다. 전자를 잃은 물체는 플러스 전하로 대전되고, 전자를 얻은 물체는 마이너스 전하로 대전된다. 전자나 양성자가 가지고 있는 전하는 1.6×10^{-19}쿨롱이므로 마찰에 의해 1쿨롱의 전하를 띠기 위해서는 6.24×10^{18}개의 전자를 잃거나 얻어야 한다. 하지만 마찰을 통해 이렇게 많은 수의 전자를 잃거나 얻는 것은 쉬운 일이 아니다. 대개 마찰로 얻을 수 있는 전하는 100만 분의 1쿨롱 정도이고, 따라서 이 경우 전하의 크기는 마이크로쿨롱(μC, 10^{-6}쿨롱)으로 나타낸다. 마찰을 통해 전하를 띠게 된 물체 사이에는 0.01뉴턴보다 작은 크기의 전기력이 작용하는 것이다.

그러나 수없이 많은 전자들이 지나가고 있는 도선에서는 1초 동안에 1쿨롱보다도 훨씬 큰 전하가 이동한다. 1초에 1쿨롱의 전하가 지나가는 것이 1암페어(A)이다. 1암페어의 전류가 흐른다는 것은 매초 약 6.24×10^{18}개의 전자가 지나가고 있음을 의미한다. 전압이 220볼트(V)인 가정용 콘센트에 연결된 1킬로와트

(kW)짜리 전기 기구에는 약 5암페어의 전류가 흐른다. 따라서 이 전기 기구에는 매초 약 3×10^{19}개의 전자들이 지나가면서 일을 한다. 전기와 관련된 현상들을 이해하기 위해서는 우리가 일상생활에서는 접할 수 없는 아주 작은 전하와 아주 큰 수의 전자들을 고려해야 한다.

엔지니어로 출발해 과학자가 된 쿨롱

전하의 단위에 이름을 남긴 샤를 오귀스탱 드 쿨롱Charles Augustin de Coulomb은 1736년 프랑스 앙굴렘에서 프랑스 국왕 소유의 장원을 관리하던 감독관의 아들로 태어났다. 어릴 때 가족을 따라 파리로 이주한 쿨롱은 마자랭 대학에서 철학과 문학, 그리고 수학, 천문학, 화학, 식물학 등을 배웠다. 그러나 경제적인 문제로 파리를 떠나 몽펠리에로 이주했고, 1760년에 다시 파리로 돌아와 왕립 메지에르 공과대학에 들어가 공학 교육을 받았다.

1761년 대학을 졸업한 뒤에는 프랑스군 장교로 근무하면서 구조의 설계, 진지 구축, 토목 분야에서 엔지니어로 일했다. 군에 입대한 지 3년째인 1764년에는 서인도 제도의 마르티니크섬 Martinique으로 보내져 새로운 요새를 건설하는 일을 했는데, 이 때의 좋지 못한 근무 환경으로 병을 얻어 오랫동안 병약한 생활을 해야 했다.

C

1772년 프랑스로 돌아온 쿨롱은 프랑스 북부에 있는 부샹 Bouchain에서 근무하는 동안 역학 연구를 시작했다. 쿨롱은 1773년에 첫 번째 논문을 프랑스 과학 아카데미에 제출했다. 공학 분야에서 아직 정교한 수학적 방법을 사용하지 않았던 당시에 구조 분석, 빔의 파괴, 토양의 압력 등을 미분법과 적분법으로 분석한 그의 논문은 높은 평가를 받았다. 1779년에는 기계에서 발생하는 마찰, 풍차, 금속이나 비단 끈의 탄성 등을 연구하기 시작했다. 마찰에 관한 연구로 이름을 알린 쿨롱은 과학 아카데미의 역학 부문 연구위원으로 선출되었고, 과학 연구에 전념할 수 있었다. 과학자라기보다 엔지니어였던 쿨롱이 물리학자로 인정받게 된 것이다.

쿨롱이 전하 사이에 작용하는 힘을 본격적으로 연구하기 시작한 것은 1781년부터였다. 그는 먼저 철사가 비틀리는 정도를 이용해 미세한 힘의 변화도 측정할 수 있는 비틀림 저울을 고안했다. 이 저울을 이용해 전하 사이에 작용하는 힘을 정밀하게 측정한 그는, 같은 종류의 전하 사이에 작용하는 반발력과 다른 종류의 전하 사이에 작용하는 인력의 세기가 두 전하의 곱에 비례하고 두 전하 사이 거리의 제곱에 반비례한다는 것을 알아냈다.

1785년과 1891년 사이에 쿨롱은 전기와 자기의 성질을 설명하는 일곱 편의 논문을 과학 아카데미에 제출했다. 이들 논문에는 거리 제곱에 반비례하는 전기력을 비롯해 도체와 부도체의

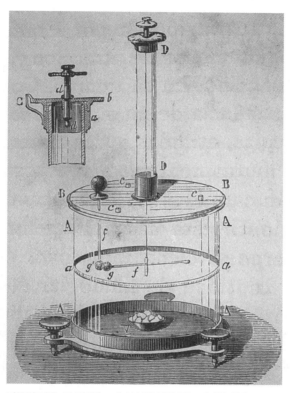

비틀림 저울. 두 전하(g, g') 사이에 작용하는 미세한 힘을
철사(f)가 비틀리는 정도(눈금 a로 확인)를 이용해 정확하게
측정할 수 있다. 스페인 세비야 대학교 도서관/ CC BY 2.0

성질, 전기력의 작용 원리 등이 담겨 있었다. 그는 물질에는 완전한 도체도 부도체도 없으며, 전기력은 아이작 뉴턴이 제안한 중력과 마찬가지로 원격으로 작용한다고 설명했다.

전기력을 연구하던 시기에 쿨롱은 과학 아카데미의 다양한 연구와 위원회 활동에도 적극 참여했다. 물리 연구에 집중했던 1783년과 1784년 사이에 공학 프로젝트의 자문을 맡아 운하와 항만 개선을 위한 보고서를 제출하기도 했는데, 그의 제안에 반대하는 사람들로 인해 어려움을 겪었다. 프랑스의 교육과 병원 제도를 개선하기 위한 연구를 하기도 했던 그는 1784년에 영국 런던의 병원을 돌아본 후 보고서를 제출하는가 하면, 궁전의 분수대와 파리의 물 공급 책임자로 일하기도 했다.

1789년에 일어난 프랑스 대혁명은 쿨롱의 과학 연구에 큰 영향을 끼쳤다. 혁명 정부에 의해 과학 아카데미가 폐쇄되고, 그가 활동하던 대부분의 위원회도 해산되었다. 그는 파리의 물 공급 책임자 자리에서도 물러나야 했다. 하지만 은퇴하여 블루아 부근의 시골로 간 쿨롱은 집에 연구실을 차리고 과학 연구를 계속했다.

1795년에 과학 아카데미의 후신으로 프랑스 국립 연구소가 설립되자 쿨롱은 1797년부터 이 연구소의 도량형위원회에서 일했다. 그는 프랑스 국립 연구소의 설립 위원 중 한 사람이었으며 1802년에는 연구소의 공공 교육 부문 책임자가 되었다. 그러나

프랑스 마르세유 콜베르 거리 우체국 건물 벽에 새겨진 쿨롱의 얼굴.
©Rvalette/ CC BY-SA 3.0

이미 건강이 매우 나빠져 있던 그는 1806년 파리에서 눈을 감았다. 과학 연구자로서 그리고 성실한 인격자로서 사람들의 존경을 받았던 쿨롱은 에펠탑에 이름이 새겨진 72명의 과학자, 엔지니어, 수학자 중 한 사람이다.

V 볼트

알레산드로 볼타(1745~1827)

전압(전위차)의 단위.

이탈리아의 물리학자 알레산드로 볼타의 이름을 땄다. 1V는
1암페어(A)의 전류가 흐를 때 사용 전력이 1와트(W)인 두 점 사이의
전위차를 나타낸다. 1쿨롱(C)의 전하가 이동했을 때 한 일의 양이 1줄(J)이
되는 전위차이기도 하다. SI 유도단위이며, 다음과 같이 정의할 수 있다.

$$V = \frac{W}{A} = \frac{J}{C} = \frac{kg \cdot m^2}{A \cdot s^3}$$

전기적인 위치 에너지의 차이, 전압

전압은 전기적인 위치 에너지의 차이(전위차)를 나타낸다. 높이가 다른 곳에 놓여 있는 물체는 중력에 의한 위치 에너지가 서로 다르다. 위치 에너지는 기준점을 어디로 잡느냐에 따라 크기가 달라지기 때문에, 위치 에너지의 크기보다는 두 지점 간 위치 에너지의 차이가 더 중요하다. 같은 산 위에 있는 바위의 위치 에너지도 해수면을 기준으로 하느냐 아니면 지구 중심을 기준으로 하느냐에 따라 그 값이 크게 다르다. 따라서 반드시 같은 기준점에 대한 위치 에너지를 비교해야 한다.

지구 중력에 의한 위치 에너지를 비교할 때는 지구 중심을 기준점으로 삼을 수도 있고 지표면을 기준으로 할 수도 있다. 일상생활에서는 지표면을 기준으로 해도 충분하지만, 엄밀한 과학적 계산을 할 때는 지구 중심을 기준으로 한 위치 에너지를 비교해야 한다. 중력에 의한 위치 에너지가 0인 지구 중심에서 지표면까지의 거리가 지역마다 약간씩 다르기 때문이다.

그렇다면 전기적 위치 에너지는 어디를 기준점으로 하는 것이 좋을까? 어떤 점에 전하가 놓여 있을 때 같은 부호의 전하를 이 전하 근처로 가지고 오려면 일을 해 주어야 한다. 부호가 같은 전하는 서로 밀어내기 때문이다. 첫 번째 전하로부터 일정한 거리에 있는 점에 이 전하와 같은 부호의 전하 1쿨롱을 가져오기 위해 해야 하는 일의 양이 이 지점의 전기적 위치 에너지이다. 두 전하 사이에 작용하는 힘은 거리가 가까워짐에 따라 증가하여 거리가 0에 근접하면 무한대가 된다. 따라서 첫 번째 전하로부터 거리가 0인 점은 위치 에너지의 기준점으로 적당하지 않다. 두 전하가 아주 멀리 떨어져 있으면 두 전하 사이에 작용하는 전기력의 세기가 0에 가까워진다. 따라서 전하로부터 무한대 떨어진 점을 전기적 위치 에너지의 기준점으로 하는 것이 편리하다. 다시 말해 전하로부터 일정한 거리만큼 떨어져 있는 점의 전기적 위치 에너지는 무한대로 떨어져 있던 1쿨롱의 전하를 이 점까지 옮겨 오기 위해 한 일의 양을 나타낸다.

첫 번째 전하와 반대 부호의 전하 1쿨롱을 가까이 가져올 때는 두 전하 사이에 인력이 작용하기 때문에 외부에서 전하에

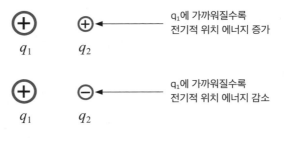

전기적 위치 에너지

일을 해 주는 것이 아니라 오히려 전하가 외부로 일을 한다. 이것은 높은 곳에 있는 물체가 아래로 떨어지면서 외부로 일을 해 주는 것과 같다. 따라서 두 전하 사이의 거리가 가까워질수록 위치 에너지가 감소한다. 이런 경우 무한대에서의 전기적 위치 에너지를 0이라고 하면 전하에서 가까운 점은 마이너스의 전기적 위치 에너지를 가진다. 마이너스의 전기적 위치 에너지를 가지고 있다는 것은 전하를 무한대까지 떼어 놓기 위해서는 위치 에너지 값만큼 외부에서 일을 해 주어야 한다는 뜻이다. 어떤 지점에서의 전기적 위치 에너지를 전위電位라고 하고, 두 지점의 전기적 위치 에너지의 차이를 전위차電位差 또는 전압電壓, voltage이라고 한다.

전압의 단위는 1800년에 볼타전지를 발명하여 전자기학 발전에 크게 기여한 이탈리아의 물리학자 알레산드로 볼타의 이름에서 따왔다. 볼타전지가 발명되기 전에는 마찰을 이용하여 발생시킨 전기를 라이덴병에 넣어 가지고 다니면서 실험을 했다. 따라서 안정적으로 흐르는 전류를 발생시키는 데 어려움이 있었기 때문에, 할 수 있는 전기 실험이 매우 제한적이었다. 그러나 화학적 방법으로 전류를 발생시키는 볼타전지가 발명되자 정밀한 전기 실험이 가능해졌다. 19세기 초에 인류의 전기 문명을 바꿔 놓은 역사적인 발견이 연이어 이루어진 바탕에는 볼타전지의 발명이 있었다.

V

전압의 단위

1861년에 찰스 브라이트와 조사이아 클라크가 영국과학진흥협회에 제출한 논문에서 전압의 단위로 볼트(V)를 제안했으며, 이는 1873년 영국과학진흥협회 총회에서 수용되었다. 1881년에 열린 국제전기총회에서는 볼트(V)를 전지의 기전력起電力(전위차를 만들고 유지시킬 수 있는 능력)을 나타내는 단위로 공식 채택했다. 1볼트는 1쿨롱(C)의 전하를 옮기는 데 1줄(J)의 일을 해 주거나 받는 전기적 위치 에너지의 차이를 나타내며, 식으로 나타내면 다음과 같다.

$$1볼트(V) = \frac{1줄(J)}{1쿨롱(C)}$$

우리가 사용하는 가정용 전기의 전압이 220볼트라는 것은 1쿨롱의 전하가 이동할 때 220줄의 일을 한다는 뜻이다.

한편, 두 점 사이에 흐르는 전류가 1암페어라는 것은 매초 1쿨롱의 전하가 이동한다는 뜻이므로, 전압이 V볼트인 두 점 사이에 I암페어의 전류가 흐를 때의 전력(일률), P는 다음과 같이 나타낼 수 있다.

$$전압(V) = \frac{일률(J/s)}{매초 이동하는 전하(C/s)}$$

(기호로 나타내면 $V = \frac{P}{I}$)

전력(W)=전압(V)×전류(A)　　(기호로 나타내면 $P=VI$)

전력은 1초 동안에 하는 일의 양, 즉 일률을 나타내므로 소모한 전체 전기 에너지의 양(전력량)을 알기 위해서는 전력에 시간을 곱해야 한다.

전력량(J)=전력(W)×시간(s)
=전압(V)×전류(A)×시간(s)

따라서 1볼트의 전원에 연결된 전기 기구에 1암페어의 전류가 1000시간(360만 초) 동안 흘렀다면(이것이 1킬로와트시이다) 이때 한 일의 양은 3600만 줄이 된다. 킬로와트시(kWh)는 3600만 줄의 에너지를 나타내는 단위이다. 우리가 사용하는 전력량을 이야기할 때는 줄 대신 킬로와트시라는 단위를 주로 사용한다.

우리나라에서 가정에 공급되는 전원은 전압이 220볼트인 교류이다. 그러나 발전소에서 도시 근교에 있는 1차 변전소까지는 34만 5000볼트나 되는 고전압으로 송전한 다음, 1차 변전소에서 15만 4000볼트로 낮추어 2차 변전소까지 송전한다. 2차 변전소에서는 다시 2만 볼트 정도로 낮추어 전봇대에 설치된 주상변압기로 보내고, 여기에서 220볼트로 낮추어 가정에 공급한다. 전기를 많이 소비하는 공장에는 220볼트보다 높은 전압으로 송전된다. 많은 전력을 송전할 때 전압을 높여 송전하는 것은 전선

V

밴더그래프 발전기. ©Jared
C. Benedict/ CC BY-SA 3.0

에서 소모되는 에너지를 적게 하기 위해서이다.

우리가 흔히 경험하는 마찰전기를 이용해 높은 전압의 정전기를 만들어 낼 수도 있다. 금속과 같은 도체에서는 전하가 표면에만 분포하는데, 이러한 성질을 이용해 높은 전압을 만드는 장치가 밴더그래프 발전기Van de Graaff generator이다. 각종 전기 실험에 사용되는 밴더그래프 발전기는 마찰로 만든 전하를 금속 구 표면에 축적하여 수만 볼트에서 수백만 볼트의 고전압을 만들어 낸다. 단, 이렇게 만들어진 정전기는 전압은 높지만 큰 전류를 흐르게 할 수는 없어서 실험용으로는 사용할 수 있어도 전원 장치로는 쓸 수 없다.

전기뱀장어와 같은 동물은 세포막이 특정한 이온만 통과시키는 성질을 이용하여 세포 내에 많은 이온을 축적시켜 350볼트에서 860볼트나 되는 높은 전압을 만든다. 전기뱀장어는 이렇게 발생시킨 전기로 먹이를 잡거나 적을 퇴치하고, 서로 신호를 교환하는 데도 사용한다.

볼타전지를 발명한 알레산드로 볼타

알레산드로 볼타Alessandro Volta가 볼타전지를 발명하는 데는 이탈리아의 생물학자로 볼로냐 대학의 해부학 교수였던 루이지 갈바니Luigi Galvani의 동물 전기 실험이 중요한 역할을 했다. 1786년에 갈바니는 죽은 개구리 다리에 전류를 흐르게 하면 개구리 다리가 움직인다는 것을 알아냈다. 이것은 개구리 다리의 움직임이 전기 작용과 관련이 있음을 나타내는 것이었다. 이 현상을 자세하게 조사하던 갈바니는 개구리 다리에 전기를 흘리지 않고 해부용 나이프로 개구리 다리를 건드리기만 해도 개구리 다리가

갈바니의 논문 「전기가 근육운동에 미치는 효과에 대한 고찰」에 실린 그림 일부.

V

움직이는 것을 발견했다. 갈바니는 이것을 개구리 다리가 자체 전기를 가지고 있기 때문이라고 설명했다.

갈바니는 1791년에 개구리 다리를 이용한 실험 결과를 정리하여 「전기가 근육운동에 미치는 효과에 대한 고찰*De Viribus Electricitatis in Motu Musculari Commentarius*」이라는 제목의 논문을 발표했다. 이 논문에서 갈바니는 동물의 근육은 동물전기라고 부르는 생명의 기를 가지고 있다고 주장했다. 동물의 뇌는 동물전기가 가장 많이 모여 있는 곳이며 신경은 동물전기가 흐르는 통로이고, 신경을 통해 흐르는 동물전기가 근육을 자극하여 근육이 움직인다고 그는 설명했다. 갈바니의 논문은 큰 관심을 끌었고 많은 사람들이 개구리 다리 실험을 했다.

당시 파비아 대학Università di Pavia의 교수로 있던 볼타도 갈바니의 실험에 관심이 많았다. 전압의 단위에 이름을 남긴 알레산드로 볼타는 갈바니보다 8년 늦은 1745년에 이탈리아의 코모Como에서 태어났다. 초등학교 교육 과정을 마친 후 학교를 그만두고 독학으로 전기 연구를 시작한 볼타는 신학을 공부하길 원했던 아버지의 뜻과는 달리 물리학자가 되기로 마음먹었다. 정규교육을 받지 않은 볼타였지만 열여덟 살이 되었을 때 이미 유럽의 저명한 학자들과 교류할 수 있을 정도로 전기에 대한 지식을 축적하고 있었다.

24세이던 1769년에 볼타는 「전깃불의 인력과 그로 인한 현상 *De Vi Attractiva Ignis Electrici, ac Phaenomenis inde Pendentibus* 」이라는 제목의 논문을 발표하여 과학계에 이름을 알렸다. 2년 후인 1771년에는 물질의 전기적 성질을 설명하고, 새롭게 고안한 정전기 발생장치를 소개하는 논문을 발표했다. 1774년에는 코모 공립학교의 관리자가 되었고, 다음 해인 1775년에는 코모 그래머 스쿨의 실험 물리학 교수가 되었다.

볼타는 그가 영구 전기쟁반이라고 부른 정전 발전기를 발견한 사람으로도 알려져 있다. 유도전기 발생장치인 전기쟁반은 부도체와 도체 원반으로 이루어져 있었다. 부도체를 마찰하여 대전시킨 후 도체인 금속 원판을 부도체와 접촉하면 정전기 유도에 의해 부도체 가까운 곳에는 부도체의 전하와 반대인 전하가 모이고 먼 곳에는 같은 전하가 모인다. 이때 금속 원판을 접지시키면 금속 원판에는 부도체에 대전된 전하와 반대 부호의 전하만 남는다. 이런 과정을 반복하면 금속 원판에 많은 전기를 모아 여러 가지 전기 실험에 사용할 수 있다.

그러나 전기쟁반은 사실 볼타가 아니라 스웨덴의 요한 칼 빌케Johan Carl Wilcke가 1762년에 발명했고, 볼타는 전기쟁반을 실험실에서 사용할 수 있도록 개량했다. 볼타가 개량한 전기쟁반은 그때까지 전기 실험에 쓰이던 라이덴병 대신에 유럽의 많은 실험실에서 사용되었다. 이 때문에 볼타가 전기쟁반의 발명자라고 알려지게 된 것이다.

V

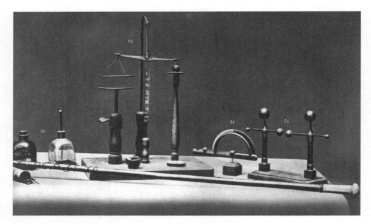

볼타의 전기 실험 장치. 그가 개발한 미세 검전기도 보인다.
©Dr. Antonio Carlos M. de Queiroz/ CC BY-SA 4.0

전기 연구를 계속한 볼타는 1778년에 발표한 논문에서 전기 유체는 확장하려는 경향이 있는데 이로 인해 기체의 압력과 유사한 팽창력을 갖는다고 주장했다. 이후 오랫동안 볼타는 전기의 팽창력을 측정하려고 시도했다. 1782년에는 기존의 검전기보다 훨씬 적은 양의 전기를 검출할 수 있는 검전기를 발명하기도 했다. 그가 미세 검전기라고 부른 이 검전기는 두 개의 금속판 사이에 얇은 부도체 막을 끼워 넣은 것으로 축전기와 비슷한 방법으로 작동했다.

1791년에 갈바니가 발표한 「전기가 근육운동에 미치는 효과에 대한 고찰」을 읽고 동물전기에 관심을 가지게 된 볼타는 실험을 통해 갈바니와는 다른 결론을 이끌어 냈다. 볼타는 개구리 다리의 한쪽을 구리판에 대고 다른 쪽에 철로 된 칼을 대면 개구리 다리가 움직이지만, 양쪽에 구리로 된 칼을 대면 개구리 다리가 움직이지 않는다는 것을 발견했다. 이를 바탕으로 그는 개구리 다리에 흐르는 전류는 개구리 다리에서 생긴 것이 아니라 두 가지 서로 다른 금속에 의해 발생한 것이며, 개구리 다리는 전기를 통하게 하는 도선과 전기를 검출하는 검전기 역할을 했을 뿐이라고 설명했다.

개구리 다리 실험에 대한 새로운 해석으로 볼타는 1794년에 왕립학회로부터 코플리 메달을 받았다. 코플리 메달은 당시 과학자가 받을 수 있는 가장 영예로운 상이었다. 그럼에도 불구하고 동물전기설을 옹호하던 갈바니를 비롯한 많은 과학자들은 볼타의 새로운 해석을 받아들이려고 하지 않았고, 유럽의 과학자들은 볼타파와 갈바니파로 나뉘어 열띤 토론을 벌였다.

볼타는 여러 가지 금속 전극으로 실험한 결과 구리와 아연 전극이 전류를 발생시키는 데 가장 효과적이라는 것을 알아냈다. 그리고 아연과 구리판을 번갈아 쌓은 후 판들 사이에 소금물에 적신 천을 끼워 넣은 볼타전지를 발명했다. 1800년에 볼타가 만든 볼타전지는 볼타 파일Volta pile이라고 불렸다. 볼타전지의 발명으로 갈바니와의 논쟁은 볼타의 승리로 끝났다.

19세기 초에 전류의 자기작용, 전자기 유도 법칙, 옴의 법칙

V

(좌) 볼타 파일. 이탈리아 템피오 볼티아노 박물관 소장. ©Guido B./ CC BY-SA 3.0
(우) 볼타 파일의 구조.

과 같은 중요한 전기 법칙들을 발견할 수 있었던 것은 안정적인 전류를 만들어 낼 수 있는 볼타전지가 있었기 때문이다. 오늘날 널리 사용되는 건전지도 기본 구조는 볼타전지와 같다. 쉽게 흘러나올 가능성이 있는 전해액을 섬유질이나 종이에 흡수시켜 잘 흘러내리지 않도록 한 것이 건전지이다.

볼타전지의 발명으로 명성을 얻은 볼타는 1801년 파리로 가서 나폴레옹에게 볼타전지의 작동원리를 설명하기도 했다. 1805년 나폴레옹은 볼타에게 연금을 지불하기로 결정했다. 이후 볼타는 1809년 이탈리아 왕국의 상원의원으로 임명됐으며, 1810년에는 이탈리아 왕국의 백작 작위를 받았다.

나폴레옹이 권좌에서 물러나는 것과 같은 정치적 소용돌이도 볼타에게는 별다른 영향을 주지 않았다. 새로운 정부도 볼타가 파비아 대학의 직책들을 계속 수행해 주기를 바랐다. 그러나 항상 겸손한 마음을 가지고 살았던 볼타는 정치가들로부터 받은 훈장이나 귀족 작위를 그다지 중요하게 생각하지 않았다.

V

Ω 옴

G e o r g   S i m o n   O h m

게오르크 시몬 옴(1789~1854)

전기 저항의 단위.

독일의 물리학자 게오르크 시몬 옴의 이름을 땄다.

1Ω은 전압이 1볼트(V)인 전원에 연결했을 때 1암페어(A)의

전류가 흐르는 도선의 저항을 나타낸다. SI 유도단위이며,

전압과 전류를 이용해 다음과 같이 정의할 수 있다.

$$\Omega = \frac{V}{A} = \frac{kg \cdot m^2}{A^2 \cdot s^3}$$

전류의 흐름을 방해하는 전기 저항

물체는 물체를 이루고 있는 원자나 분자의 전기적 성질과 그것들의 배열 상태에 따라 전기적인 성질이 달라진다. 물질의 전기적인 성질 중에서 가장 중요한 것이 전기전도도이다. 전기전도도는 전기를 얼마나 잘 전달하는지를 나타낸다. 전기전도도가 큰 물질은 전기가 잘 통하고, 전기전도도가 낮은 물질은 전기가 잘 통하지 않는다. 전기전도도는 물질이 지닌 고유한 물리적 성질 중 하나이다.

모든 물질 중에서 전기전도도가 가장 큰 것은 은이고, 다음으로 큰 것은 구리이며, 그다음이 금과 알루미늄이다. 납은 금속 중에서 전기전도도가 가장 낮다. 물질의 전기전도도가 높을수록 도선의 재료로 적당하지만 은이나 금은 도선으로 사용하기에는 가격이 너무 비싸서 주로 구리와 알루미늄이 도선으로 사용되고 있다.

전기전도도의 역수를 그 물질의 비저항比抵抗이라고 한다. 따라서 비저항이 클수록 전기전도도는 낮다. 반면, 비저항이 큰 물질로 이루어진 물체는 저항이 크고 비저항이 작은 물질로 이루어진 물체는 저항이 작다. 전기전도도와 마찬가지로 비저항도 물질의 전기적 성질을 나타내는 물질 고유의 특성이다. 일반적으로 금속은 비저항이 작고, 나무나 플라스틱, 고무와 같은 물질은 비저항이 크다. 비저항이 큰 물질은 전류를 차단하는 절연체로 사용된다.

그런데 전기 저항은 물체를 이루는 물질의 비저항뿐만 아니라 물체의 단면적과 길이에 따라서도 달라진다. 다시 말해, 같은 물질로 만든 물체라도 굵기가 굵고 길이가 짧을수록 저항이 작고, 가늘고 길수록 저항이 크다. 이것을 식으로 나타내면 다음과 같다.

$$저항(\Omega) = 비저항(\rho) \ \frac{도선의\ 길이(m)}{도선의\ 단면적(m^2)}$$

이 식에서 비저항(ρ)은 물질의 종류에 따라 달라지는 상수이다. 도체는 비저항이 작은 물질이고, 부도체는 비저항이 큰 물질이다. 저항을 한 줄로 길게 연결하면 물체의 길이를 길게 하는 것과 같아 전기 저항이 커진다. 이렇게 저항을 연결하는 것을 직렬연결이라고 한다. 그러나 저항을 옆으로 나란히 연결하면 물체의 단면적이 늘어나는 것과 같아 전체 저항이 한 개의 저항보다 작아진다. 저항을 이렇게 연결하는 것을 병렬연결이라고 한다.

전류의 세기와 저항 사이의 관계를 밝힌 사람은 독일의 과학자 게오르크 시몬 옴이었다. 그는 같은 굵기의 도선에 같은 크기의 전류가 흐르게 하려면 도선의 재료에 따라 길이가 달라야 함을 확인하고, 이로부터 물질에 따라 전기 저항이 다르다는 사실을 알아냈다. 동일한 도선을 사용할 경우에는 전원의 세기에 따라 전류가 달라진다는 사실도 드러났다. 옴은 1926년에 이러한 실험 결과를 바탕으로, 도선에 흐르는 전류의 세기가 전압에 비례하고 저항에 반비례한다는 '옴의 법칙Ohm's law'을 발견했다. 옴의 법칙을 수식으로 나타내면 다음과 같다.

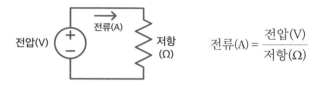

1800년대 후반에는 물체의 저항이 물질의 종류뿐 아니라 온도에 따라서도 달라진다는 것을 알게 되었다. 도체나 부도체의 경우에는 온도가 높아지면 저항이 증가한다. 높은 온도에서는 물질을 이루는 원자나 분자들의 운동이 활발해져 전자의 흐름을 방해하기 때문이다. 그러나 반도체의 경우에는 온도가 높아지면 저항이 작아진다. 높은 온도에서는 반도체가 도체처럼 행동하기 때문이다. 따라서 반도체 소자가 많이 들어가 있는 컴퓨터와 같은 전자제품에는 열을 식혀 주는 장치가 필요하다.

그렇다면 온도가 절대온도 0도(0켈빈) 부근까지 내려가면 전기 저항은 어떻게 될까? 1911년 네덜란드의 물리학자 카메를

링 오너스Heike Kamerlingh Onnes는 수은을 4.2켈빈 이하로 냉각하면 전기 저항이 갑자기 0이 된다는 것을 발견했다. 전기 저항이 0인 물체를 초전도체超傳導體, Superconductor라고 하고 보통 물질이 초전도체로 변하는 온도를 전이온도라고 한다. 전이온도는 물질에 따라 다르다. 과학자들은 초전도체의 실용성을 높이고자 전이온도가 높은 물질을 개발하기 위해 노력하고 있다. 현재까지 전이온도가 가장 높은 물질은 130켈빈(약 -143℃) 정도이다. 만약 상온에서 초전도체의 성질을 갖는 상온 초전도체를 발명한다면 인류의 전기 문명은 다시 한번 크게 도약할 것이다.

저항의 단위

19세기에 전기와 관련된 기술이 급속히 발전하면서 저항의 기준과 단위를 정해야 할 필요성이 대두되었다. 1860년에 독일의 전기공학자 겸 발명가였던 베르너 지멘스Werner von Siemens(영국과학진흥협회 회장이었던 윌리엄 지멘스의 형)는 단면적이 1제곱밀리미터이고 길이가 1미터인 순수한 수은의 저항을 표준 저항으로 하자고 제안했다. 그러나 이렇게 정한 표준 저항은 사용하기에 불편했다. 1861년에 찰스 브라이트와 조사이아 클라크는 영국과학진흥협회에 제출한 논문에서 전기 저항을 나타내는 단위 이름을 게오르크 옴의 업적을 기려 옴마드Ohmad로 부르자고 했다.

이에 따라, 영국과학진흥협회는 제임스 클러크 맥스웰과 윌리엄 톰슨(켈빈 경)을 위원으로 포함하는 위원회를 구성해 전기 관련 물리량의 표준 단위를 연구하도록 하였다. 이 위원회의 목표는 사용하기에 편리한 크기를 가지면서, 다른 전기 관련 물리량의 단위는 물론이고 프랑스에서 개발된 미터법 체계와도 조화를 이루는 저항의 표준을 정하는 것이었다. 1864년에 작성된 위원회의 세 번째 보고서에서는 저항의 단위를 옴마드라고 불렀지만, 1867년에 작성된 보고서에서는 저항의 단위를 옴ohm으로 명명했다.

1881년에 국제전기총회는 0℃에서 단면적이 1제곱밀리미터이고 길이가 104.9센티미터인 수은 기둥의 저항을 1옴으로 정했다. 1893년 시카고에서 열린 국제전기총회에서는 질량이 14.451그램이고, 길이가 106.3센티미터인 수은 원기둥의 저항을 1옴으로 수정했고, 1908년 런던에서 개최된 국제 전기 단위 및 표준 총회에서 이를 수용했다. 그러나 2018년 일곱 가지 상수를 바탕으로 일곱 가지 기본단위를 새롭게 정의하면서, 저항도 이러한 기본단위로부터 유도하게 되었다.

과학자 이름을 딴 단위의 기호는 그 과학자 이름의 첫 글자를 대문자로 쓰는 경우가 대부분이다. 그러나 저항의 단위 기호는 그리스 문자 오메가를 대문자로 써서 'Ω'으로 나타낸다. 1867년에 웨일즈 출신의 전기공학자였던 윌리엄 헨리 프리스

William Henry Preece는 옴의 법칙을 발견한 독일의 게오르크 시몬 옴의 이름과 발음이 비슷한 그리스 문자 오메가를 기호로 사용하자고 제안했다. 이 제안에 따라 제2차 세계대전 전까지는 저항의 단위로 소문자 오메가(ω)를 위첨자로 표시했다. 100Ω이라고 쓰지 않고 100$^{\omega}$라고 표기한 것이다. 그러나 제2차 세계대전 이후 저항의 단위를 나타내는 기호로 Ω를 사용하기 시작했다.

1옴(Ω)은 전압이 1볼트(V)인 전원에 연결했을 때 1암페어(A)의 전류가 흐르는 저항의 크기를 나타낸다. 전압이 220볼트인 가정용 전원에 저항이 100옴인 전기 기구를 연결하면 2.2암페어의 전류가 흐른다. 이처럼 저항을 알면 전기 기구에 흐르는 전류를 알 수 있다. 그렇다면 우리 주위에서 사용하는 전기 기구의 저항은 얼마나 될까?

모든 전기 기구에는 사용 전압과 전력이 표시되어 있지만 저항의 크기는 표시되어 있지 않다. 전기 기구를 사용하는 데 필요한 것은 사용 가능한 전원의 전압과 얼마나 많은 에너지를 소비하는지를 나타내는 전력이기 때문이다. 따라서 전기 기구의 저항을 알고 싶으면 전압과 전력을 이용해 계산해야 한다.

전력(W)은 전압(V)과 전류(A)의 곱이고($P = VI$) 전류(A)는 전압(V)을 저항(Ω)으로 나눈 값($I = \dfrac{V}{R}$)이므로, 전압과 전력으로부터 저항을 계산하는 식은 다음과 같다.

$$\text{저항}(\Omega) = \frac{(\text{전압}(V))^2}{\text{전력}(W)}$$

이 식을 이용해 계산하면 '220V', '100W'라고 표시되어 있는 전기 기구의 저항은 484옴이다. 이 전기 기구를 전압이 다른 전원에 연결하여 사용할 때는 저항을 이용하여 일률, 즉 전력을 다시 계산해야 한다. 예를 들어 이 전기 기구를 전압이 100볼트인 전원에 연결하여 사용한다면 사용 전력이 약 20.7와트가 되어 제대로 작동하지 않을 수도 있다.

일정한 전류가 흐르는 경우에는 저항이 크면 클수록 더 많은 전력을 소모한다. 그러나 전압이 일정한 경우에는 저항이 크면 흐르는 전류가 작아져서 사용 전력도 작아진다. 가정에 공급되는 전원은 전압이 일정하게 유지된다. 그렇기 때문에 큰 저항을 사용하는 전기담요와 같은 전기 기구는 사용 전력이 생각보다 작다. 그러나 저항이 작은 경우에는 큰 전류가 흘러 많은 전력

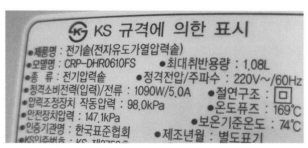

전자제품에 표시된 전압과 전력.

을 소비하게 된다.

도선으로는 저항이 작은 구리나 알루미늄이 주로 사용되지만, 이런 도선도 저항이 0은 아니어서 도선에 전류가 흐르면 열이 발생하여 전력을 소비하게 된다. 따라서 가능하면 도선의 저항을 작게 해야 하는데 그러려면 도선의 굵기가 굵어야 한다. 하지만 도선의 굵기가 굵어지면 도선의 값이 비싸질 뿐만 아니라 도선이 무거워져서 설치하기가 힘들다. 이런 문제를 해결할 수 있는 것이 교류이다. 교류는 변압기를 이용하여 쉽게 전압을 높이거나 낮출 수 있다. 따라서 저항이 일정한 경우 전압을 높여 송전하면 전류가 작아져 도선에서 소비되는 전력을 줄일 수 있다.

쉽게 인정받지 못했던 옴의 연구

저항의 단위에 이름을 남긴 게오르크 시몬 옴Georg Simon Ohm은 1789년 독일의 에를랑겐에서 태어났다. 그의 아버지는 가난한 열쇠 수리공이었지만 독학으로 수학과 과학을 공부해서 과학 지식이 상당한 수준이었다. 옴은 어린 시절에 그런 아버지로부터 수학과 과학을 배웠다.

옴은 에를랑겐 고등학교를 졸업하고 에를랑겐 대학에 입학했지만, 경제적 어려움 때문에 스위스로 가서 수학 교사로 근무하며 혼자 공부해야 했다. 옴이 에를랑겐 대학으로 돌아온 것은 스물두 살이던 1811년이었다. 옴은 그해 10월에 박사학위를 받고, 에를랑겐 대학에서 수학 강사로 일을 시작했다. 하지만 강사 월급으로는 생활이 어렵자, 하는 수 없이 대학 일을 그만두고 밤베르크 고등학교의 교사가 되어 수학과 물리학을 가르쳤다. 그러나 가르치는 일만으로는 만족할 수 없었던 그는 자신의 능력을 증명하기 위해 초급 기하학 교과서를 썼다.

옴은 자신이 작성한 원고를 프러시아의 빌헬름 3세에게 보냈고, 원고가 마음에 들었던 빌헬름 3세는 1817년에 옴을 예수회에서 운영하는 고등학교 교사로 추천해 주었다. 옴은 이 학교에서 물리학과 수학을 가르치면서, 잘 갖추어진 학교의 실험 장비를 이용하여 물리학 실험을 할 수 있었다. 그는 당시 새롭게 떠오르고 있었던 전기 분야에 관심이 많았다. 학생들을 가르치면서 물리 실험을 계속하던 옴은 1825년 한 해 동안은 전기 실험에 전념하기로 했다.

그는 볼타전지를 이용해 다양한 도선에 흐르는 전류를 측정했다. 길이와 굵기가 다른 여러 가지 재료로 만든 도선을 이용하여 실험한 옴은, 도선의 재질, 길이, 굵기에 따라 도선에 흐르는 전류의 세기가 달라진다는 것을 알아냈다. 같은 도선의 경우에는 전원의 세기에 따라 전류의 세기가 달라졌다. 옴은 그동안의 실험 결과를 정리하여 1827년에 『수학적으로 분석한 갈바니 회로 *Die galvanische Kette, mathematisch bearbeitet*』라는 책을 출판했다. 이 책에는 오늘날 우리가 옴의 법칙이라고 부르는 전압과 전류 그리고 저항 사이의 관계를 나타내는 법칙이 담겨 있었다.

그러나 독일 과학계에서는 옴의 법칙을 인정하지 않았다. 옴은 전기적 상호작용에서 원격작용을 배제하고 입자들 간의 직접적인 접촉을 통해 상호작용이 일어난다고 설명했다. 그의 이러한 생각은 전기적 압력electric pressure이라는 뜻의 전압이라는 용어에도 잘 나타나 있다. 따라서 옴의 법칙을 인정한다는 것은 전압과 저항에 관한 새로운 정의를 받아들인다는 것을 의미했다. 몇몇 과학자들은 옴의 법칙이 자연의 권위에 대한 도전이라며 혹평했고, 당시 독일 프러시아의 교육부는 옴의 법칙을 잘못된 이론으로 규정하고 가르치지 못하도록 했다. 이에 크게 실망한 옴은 모든 공식적인 직책을 버리고 수학 개인 교습으로 생계를 이어 가다 1833년에야 뉘른베르크 공업학교의 교사 자리를 구할 수 있었다.

옴의 연구는 외국에서부터 인정받기 시작했다. 당시로서는 세계에서 가장 강한 전자석을 만들었던 미국의 조지프 헨리가 옴의 연구 업적을 높이 평가했고, 프랑스의 과학자들도 옴의 업적을 인정하기 시작했다. 1841년에는 왕립학회가 옴에게 코플리 메달을 수여하고, 그를 외국인 회원으로 받아들였다. 그제야 베를린 과학 아카데미도 그를 회원으로 받아들였다. 일생의 대부분을 적은 월급을 받는 교사로 일하면서 전기 연구를 계속했던 옴은 죽기 5년 전인 1849년에야 뮌헨 대학의 교수가 될 수 있었다. 옴은 1854년에 뮌헨에서 세상을 떠났다.

뮌헨 공과대학에 있는 게오르크 시몬 옴의 동상.

F 패럿

마이클 패러데이(1791~1867)

전기용량의 단위.

영국의 물리학자 마이클 패러데이의 이름을 땄다.

1F은 1볼트(V)의 전원에 연결했을 때 1쿨롱(C)의 전하가

저장되는 전기용량을 나타낸다.

SI 유도단위이며, 다른 식으로 나타내면 다음과 같다.

$$F = \frac{C}{V} = \frac{s^4 \cdot A^2}{kg \cdot m^2}$$

전기 그릇의 크기를 나타내는 전기용량

물을 그릇에 담아 보관하듯이 전기도 담아 둘 수 있을까? 전기를
처음 연구하기 시작한 과학자들은 물체를 통해 흘러가는 전기를
눈에 보이지 않는 유체라고 생각했다. 프랑스의 샤를 뒤페와 같
은 학자들은 전기가 두 가지 다른 유체로 이루어져 있다고 주장
했고, 미국의 벤저민 프랭클린Benjamin Franklin은 전기에는 한 가
지 종류의 유체밖에 없지만 유체가 남느냐 아니면 모자라느냐에
따라 서로 다른 전기적 성질을 나타낸다고 주장했다. 현대 과학
으로 보면 이러한 설명은 옳은 것이 아니었지만, 전기 연구에 올
바른 방향을 제시해 주었다. 전기 현상을 만들어 내는 전자들은
실제로 유체와 비슷하게 행동하기 때문이다. 과학의 발전 과정을
혁명이라는 개념으로 새롭게 해석한 미국의 과학사학자 토머스
쿤Thomas Samuel Kuhn은 전기를 유체로 본 것은 전기학의 역사에
새로운 패러다임을 제공한 중요한 사건이라고 평가했다.

전기가 유체라고 생각한 18세기의 과학자들은 전기 유체를
병에 담아 둘 수 있지 않을까 생각했고, 병의 형태로 된 축전기를
발명했다. 전기 에너지를 화학적 에너지로 바꾸어 저장했다가 다
시 전기 에너지로 전환해 사용하는 전지와는 달리, 축전기는 전

F

하를 높은 위치 에너지 상태로 저장했다가 사용한다.

최초의 축전기인 라이덴병Leyden jar을 발명한 사람은 네덜란드의 피터르 판 뮈스헨부르크와 독일의 에발트 폰 클라이스트였다. 뮈스헨부르크Pieter van Musschenbroek, 1692~1762는 전기 발생 장치로 발생시킨 전기를 유리병에 모으는 실험을 했다. 그는 실험 과정에서 엄청난 전기 충격을 받기도 했다. 유리병 안에 저장되었던 전기가 뮈스헨부르크의 몸을 통해 한꺼번에 방전되었기 때문이다. 뮈스헨부르크가 발명한, 전기를 저장하는 병은 그의 고향이었던 네덜란드 레이던Leiden의 이름을 따서 라이덴병이라고 부르게 되었다.

뮈스헨부르크와 비슷한 시기에 전기 저장 방법을 연구했던 독일의 에발트 폰 클라이스트Ewald Jürgen von Kleist, 1700~1748는 저

라이덴병을 발명한 실험 장치.

장된 전기의 양이 물체의 질량에 비례할 것이라고 생각했다. 그래서 병을 무겁게 하기 위해 물을 채우고, 전하가 달아나는 것을 막기 위해 부도체로 병을 둘러쌌다. 한 손으로 병을 들고 전기 발생장치를 돌려서 병을 대전시킨 다음 다른 손으로 병 안의 물을 만졌을 때, 그는 뮈스헨부르크와 마찬가지로 강한 충격을 받았다. 뮈스헨부르크와 클라이스트는 라이덴병 발명의 우선권을 놓고 논란을 벌였는데, 결국은 두 사람이 각각 독립적으로 라이덴병을 발명한 것으로 인정받았다.

라이덴병은 지금도 실험실에서 쓰인다. 요즘은 절연체 마개를 씌운 유리병의 안과 밖에 주석 박막을 입혀 만든다. 절연체 마개의 한가운데를 뚫어 도선을 안쪽 박막에 연결한 다음 전원에 연결하고 바깥쪽 박막을 접지시키면 안과 밖의 박막에 부호가 다른 전하가 저장된다. 뮈스헨부르크와 클라이스트의 실험에서

는 병 안에 담긴 물이 안쪽 주석 박막의 역할을 했고, 병을 들고 있던 손이 바깥쪽 주석 박막 역할을 했다. 라이덴병은 병의 두께가 얇을수록 전기를 더 많이 저장할 수 있는데, 대략 2만~6만 볼트의 높은 전압으로 전기를 저장할 수 있다.

전기를 저장한다는 것은 전하

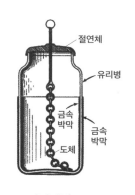

라이덴병

절연체
유리병
금속 박막
금속 박막
도체

를 띠고 있는 전자나 이온을 한곳에 모아 두는 것이다. 그럼 병과 같이 커다란 그릇에 전자나 이온을 가득 담아 두었다가 꺼내 쓰면 되지 않을까 싶지만, 전하를 띤 입자들은 그렇게 담아 둘 수 없다. 같은 전하를 띤 전자들은 서로 밀어내기 때문에 조금만 많이 모아도 다 튀어 나가기 때문이다. 그렇다면 라이덴병과 같은 축전기에서는 어떤 원리로 전하를 저장할까?

두 개의 금속판을 서로 접촉하지 못하게 간격을 두고 나란히 배열한 뒤, 한쪽 금속판은 전원의 양극에 연결하고 다른 쪽 금속판은 전원의 음극에 연결하면 양극에 연결된 금속판에서는 전자가 전원으로 끌려 들어가고, 음극에 연결되어 있는 금속판에는 전원에서 전자가 흘러와 쌓이게 된다. 전하가 쌓일수록 금속판 사이의 전압이 높아진다. 금속판 사이의 전압이 전원의 전압과 같아질 때까지 금속판에 전기가 저장된다.

이때 마주 보는 금속판이 넓으면 넓을수록 그리고 금속판 사이의 거리가 가까우면 가까울수록 더 많은 전기가 저장된다. 두 금속판 사이에 전기를 통하지 않는 물체(유전체)를 끼워 넣으면 같은 양의 전기가 저장되어도 전압이 낮게 유지되어 축전기에 더 많은 전기를 저장할 수 있다. 영국의 마이클 패러데이는, 과학 분야에서 현재도 널리 사용되고 있는 용어들을 제안한 것으로 유명한 윌리엄 휘웰William Whewell의 제안을 받아들여 유전체(dielectric)라는 말을 처음 사용했다. 휘웰이 제안한 과학 용어

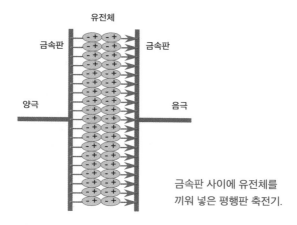

유전체

금속판

금속판

양극

음극

금속판 사이에 유전체를
끼워 넣은 평행판 축전기.

에는 과학자(scientist), 물리학자(physicist), 전극(electrode), 이온
(ion) 등이 있다.

축전기가 전기를 저장할 수 있는 능력을 나타내는 것이 전
기용량이다. 두 개의 평행한 도체 판을 이용하여 만든 축전기의
전기용량은 다음과 같다.

$$전기용량(F) = 유전율(\varepsilon) \frac{단면적(m^2)}{거리(m)}$$

이 식에서 유전율誘電率(ε)은 평행 판 사이에 끼워 넣는 유전
체의 전기적 성질을 나타내는 상수로서 유전율이 큰 물체를 끼
워 넣을수록 전기용량이 커진다. 아무것도 없는 진공에서의 유전
율은 ε_0로 나타낸다. 진공 상태의 유전율은 우주 공간의 성질을
나타내는 중요한 상수이다. 식에서 보듯이 전기용량이 큰 축전기

F

를 만들려면 평행 판의 면적(단면적)이 커야 한다. 하지만 크기가 너무 크면 실용성이 떨어져 쓸모없는 축전기가 되고 만다.

요즘 전자제품에는 크기가 작은 축전기가 쓰이고 있다. 이것들은 전기를 저장하는 용도보다는 전자제품에 흐르는 전류를 조절하는 역할을 한다. 전류의 방향이 변하지 않는 직류 회로의 경우에는 축전기에 일단 전기가 저장되면 더 이상 전류가 흐르지 않는다. 그러나 교류 회로에서는 축전기에 전기가 저장되었다가 방전되는 과정이 반복된다. 따라서 교류 회로에서는 축전기가 전류의 크기를 변화시키는 저항의 역할뿐만 아니라 위상을 변화시키는 역할도 한다.

현재 널리 사용되고 있는 전지는 전기 에너지를 화학 에너지로 전환하여 저장한다. 그러나 축전기는 전기 에너지를 그대로 저장했다가 다시 꺼내 쓰기 때문에 전지보다 충전 시간도 짧고 에너지 효율도 높다. 따라서 많은 전기를 저장했다가 꺼내 쓸 수 있는, 그러면서도 크기가 작은 축전기가 발명된다면 전기 자동차와 같이 전기를 많이 사용하는 장치들의 사용이 훨씬 편리해질 것이다. 과학자들은 상온에서도 전기 저항이 0이 되는 상온 초전도체가 발명되면 많은 양의 전기를 저장할 수 있는 축전기를 만들 수 있을 것으로 생각하고 있다.

전기용량의 단위

찰스 브라이트와 조사이아 클라크는 1861년에 영국과학진흥협회에 제출한 논문에서 1몰(mol)의 전자가 가지고 있는 전하를 나타내는 단위를 패럿으로 하자고 제안했다. 발전기의 원리인 전자기 유도법칙을 발견하여 전자기학 발전에 크게 기여한 영국의 물리학자 마이클 패러데이의 업적을 기리는 의미였다. 그러나 1873년에 패럿(F)은 전기용량의 단위로 바뀌었고, 1881년에 파리에서 열린 국제전기총회에서 공인되었다. 전기화학 분야에서는 아직도 패러데이(faraday)라는 단위가 1몰의 전자가 가지고 있는 전하(9650쿨롱)를 나타내는 단위로 사용되고 있다. 따라서 전기용량을 나타내는 단위인 패럿farad(F)과 전하를 나타내는 패러데이(faraday)를 구분해야 한다.

전기용량이 1패럿인 축전기를 전압이 1볼트(V)인 전원에 연결하면 1쿨롱(C)의 전하가 저장된다. 이것을 식으로 나타내면 다음과 같다.

$$1패럿(F) = \frac{1쿨롱(C)}{1볼트(V)} = 1C/V$$

1쿨롱의 전하가 저장되었다는 것은 6.24×10^{18}개의 전자가 저장되었음을 의미한다. 이것은 아주 큰 전하량이다. 즉, 전기용량이 1패럿인 축전기는 용량이 매우 큰 축전기이다. 우리가 사용

F

하는 전자제품에는 전기용량이 이보다 훨씬 작은 축전기들이 사용되고 있다.

따라서 축전기의 전기용량은 주로 100만 분의 1패럿을 나타내는 마이크로패럿(μF)이나 10^{-12}패럿을 나타내는 피코패럿(pF)을 이용해 표시한다. 전기용량이 1마이크로패럿(μF)인 축전기를 100볼트 전원에 연결하면 이 축전기에는 0.0001쿨롱의 전하가 저장된다.

발전기의 원리인 전자기 유도 법칙을
발견한 마이클 패러데이

전기용량의 단위에 이름을 남긴 마이클 패러데이Michael Faraday는 런던 근교의 농촌 마을에서 가난한 대장장이의 아들로 태어났다. 가난해서 학교를 제대로 다닐 수 없었지만, 과학에 관심이 많았던 패러데이는 인쇄소에서 책 제본 일을 하면서 많은 과학책을 읽고 과학에 대한 소양을 쌓았다. 당시 영국에서는 유명한 과학자들이 일반인을 위한 강연회를 열곤 했는데, 강연장 입장표를 구하기 어려울 정도로 사람들에게 큰 인기를 끌었다. 패러데이는 이러한 강의를 자주 들으면서 마찰을 이용한 전기 발생 장치를 만들기도 하고 볼타전지를 만들어 보기도 했다.

열아홉 살이던 1812년에는 영국에서 가장 유명한 화학자였던 험프리 데이비Humphrey Davy가 왕립연구소Royal Institution of Great Britain에서 하는 대중강연을 들을 기회가 있었다. 패러데이는 강연이 끝난 후 강연 내용을 꼼꼼하게 정리한 노트와 함께 자신을 조수로 채용해 달라는 편지를 데이비에게 보냈다. 이 일을 계기로 데이비의 실험 조수가 된 패러데이는 1861년 사임할 때까지 평생 동안 왕립연구소에서 일했다.

1813년 데이비는 화산활동을 화학반응으로 설명하기 위해 3년 동안 이탈리아와 프랑스로 화산 탐사 여행을 가면서 패러데이를 동반했다. 패러데이는 여행하는 동안 설탕 공장을 견학하기도 했고, 유명한 화학자 조제프 루이 게이뤼삭Joseph Louis Gay-Lussac의 강의를 듣기도 했으며, 데이비를 방문한 앙드레 마리 앙페르와 알레산드로 볼타를 만나기도 했다. 이러한 경험은 패러데이의 연구 활동에 큰 영향을 주었다.

외르스테드가 전류의 자기작용을 발견한 직후 데이비와 윌리엄 울러스턴William Hyde Wollaston은 전기로 작동하는 모터를 만들려고 시도했지만 실패했다. 두 사람에게 이 문제를 전해 들은 패러데이는 고정된 도선에 전류가 흐를 때는 자석이 도선 주위를 회전하고, 자석이 고정되어 있을 때는 도선이 자석 주위를 회전하는 실험에 성공했다. 패러데이는 그 결과를 1821년 10월에 발간된 《계간 과학 저널Quarterly Journal of Science》에 발표했다. 전자기력을 이용하여 자석이나 도선을 회전시킨 이 실험은 전기

F

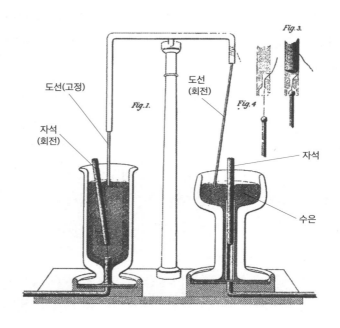

자기장에 의해 자석이나 도선이
회전하는, 전기 모터의 원리가 된
패러데이의 실험 장치 그림.

모터의 탄생에 원리를 제공한 중요한 실험이었다.

그러나 이 논문을 발표하면서 데이비와 울러스턴의 공헌을 언급하지 않은 것이 문제가 되자 패러데이는 한동안 전기 실험을 중단하고 유리나 붕규산 유리(붕산과 규산을 주성분으로 한 유리)의 광학적 특성 연구에 전념했다.

데이비가 세상을 떠나고 2년 후인 1831년, 다시 전기 실험으로 돌아온 패러데이는 전류가 흐르는 도선 주위에 자석의 성질을 띤 바늘을 놓고 실험을 하던 중에 흥미로운 현상을 발견했다. 스위치를 연결해 도선에 전류가 흐르게 하거나 스위치를 꺼서 흐르던 전류를 차단하는 순간, 가까이 있는 다른 도선에 잠시 전류가 흐르는 것이었다. 다시 말해, 한 도선에 흐르는 전류의 세기가 변할 때 가까이 있던 다른 도선에 전류가 흘렀다.

도선에 전류가 흐르면 전류의 자기작용에 의해 주변에 자기장이 만들어진다. 따라서 스위치를 넣는 순간에는 없던 자기장이 만들어지고, 스위치를 끄는 순간에는 있던 자기장이 사라진다. 한 도선에 스위치를 넣거나 끌 때만 두 번째 도선에 잠시 전류가 흐른다는 것은, 자기장이 전류를 발생시키는 것이 아니라 자기장의 변화가 전류를 발생시킨다는 것을 의미한다.

이 실험을 더욱 정교하게 여러 번 다시 해 본 패러데이는 그 결과를 1831년 11월에 왕립학회에서 발표했다. 자기장의 변화가 전류를 발생시키는 현상을 '전자기 유도electromagnetic induc-

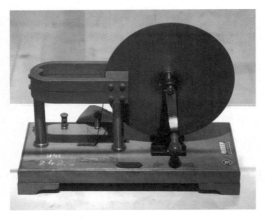

패러데이 디스크. 1831년에 패러데이가 만든 최초의 전자기
발전기 모형(일본 도쿄 국립과학박물관). ©Daderot/ CC0

tion'라고 부른다. 전자기 유도 법칙은 발전기와 변압기의 작동
원리가 되는 법칙이다. 발전소에서는 발전기를 돌려 자기장을 변
화시킴으로써 전류를 만들어 낸다. 전자기 유도 법칙의 발견으로
손쉽게 많은 전기를 생산할 수 있는 발전소가 건설되었고, 과학
자들의 실험실 안에만 머물던 전기가 실험실에서 나와 전기 문
명 시대를 열게 되었다.

　　1836년에 패러데이는 전하가 도체의 표면에만 분포하고 내
부에는 어떤 영향도 주지 않는다는 것을 알아냈다. 그는 이 사실
을 증명하기 위해 금속박으로 둘러싼 빈 공간을 만들고 외부에
서 고전압을 가해도 내부 벽면에는 전하가 존재하지 않는다는

것을 보였다. 그가 만든 실험 도구는 후에 패러데이의 새장Fara-day cage이라고 불렸다. 금속으로 둘러싸인 자동차가 벼락을 맞아 큰 전류가 흐르더라도 자동차 안에 있는 사람이 안전한 것은 전하가 금속의 표면에만 분포하기 때문이다.

패러데이는 전기력과 자기력의 작용을 설명하기 위해 전기력선과 자기력선을 이용하는 방법을 제안하기도 했다. 위대한 실험가였지만 수학적 재능은 뛰어나지 않았던 패러데이는 그림으로 나타낸 전기력선과 자기력선을 이용해 전기력과 자기력의 작용을 성공적으로 설명할 수 있었다. 후에 영국의 제임스 클러크 맥스웰은 패러데이가 제안한 전기력선과 자기력선의 개념을 바탕으로 전기장과 자기장의 개념을 수학적으로 발전시켰다.

뛰어난 연구 업적으로 유명 인사가 되었지만, 패러데이는 세속적인 부와 명예에는 관심이 없었다. 그는 자신의 강연 내용을 출판하자는 제의를 거절했고, 왕립학회 회장직과 기사 작위 수여도 사양했다. 빅토리아 여왕의 후원도 받지 않았으며 왕실 행사에도 참석하지 않았다. 패러데이가 검소한 생활을 한 것은 하나님과 재물을 동시에 섬길 수 없다고 강조하는, 그가 속했던 교회의 가르침 때문이었다. 그래서 그는 많은 급여를 원하지 않았고 발명 특허도 내지 않으면서 기부 활동을 계속했다. 그는 명예나 부를 위해서가 아니라 순수한 학문적 열정으로 연구했다.

패러데이는 1826년부터 어린이들을 위한 크리스마스 강연

1856년 패러데이의 왕립연구소 크리스마스 강연. 작자 미상.
1991~1993년 영국 20파운드 지폐 그림의 바탕이 된 작품이다.

을 시작해서 약 20번의 강연을 했다. 그중에서 1860년의 강연은
『양초 한 자루에 담긴 화학 이야기*Chemical History of a Candle*』라는 책
으로도 출판되어 현재까지도 팔리고 있다. 이 강연에서 패러데이
는 양초 한 자루를 통해서 화학의 바탕을 이루는 물질의 특성과
상호작용을 재미있게 설명했다. 1861년에 마지막 크리스마스 강
연을 한 패러데이는 교회와 연구소의 모든 직책에서 물러나 집
에서 평온한 생활을 하다가 1867년 8월 25일에 76세로 세상을
떠났다. 크리스마스 강연은 지금까지도 왕립연구소의 전통으로
이어져 내려오고 있다.

H 헨리

J o s e p h   H e n r y

조지프 헨리(1797~1878)

유도 계수(인덕턴스)의 단위.

미국의 물리학자 조지프 헨리의 이름을 땄다.

1H는 1초(s)에 1암페어(A)씩 전류가 변할 때 1볼트(V)의

기전력이 발생하는 유도 계수를 나타낸다.

SI 유도단위이며, 다른 식으로 나타내면 다음과 같다.

$$H = \frac{V}{A/s} = \frac{Wb}{A} = \frac{kg \cdot m^2}{s^2 \cdot A^2}$$

상호 유도와 자체 유도

유도 계수는 전류의 변화로 유도 전류가 흐를 때, 전류의 변화가 얼마나 큰 기전력을 만들어 내는지를 나타내는 계수이다. 유도 계수가 무엇인지를 잘 이해하려면 먼저 전자기 유도 법칙을 이해해야 한다.

1831년에 영국의 마이클 패러데이가 발견한 전자기 유도 법칙에 따르면, 도선 주위에서 자기장이 변하면 도선에 기전력이 발생해 전류가 흐른다. 이때 도선에 발생하는 기전력의 세기는 자기장의 변화가 얼마나 빨리 일어나느냐에 따라 달라진다. 도선 주위의 자기장을 변화시키는 방법에는 세 가지가 있다. 하나는 도선 주위에서 자석을 움직이는 것이고, 다른 하나는 자석 주위에서 도선을 움직이는 것이다. 대부분의 발전기는 이 두 가지 방법 중 하나로 전류를 생산한다.

도선 주위의 자기장을 변화시키는 마지막 방법은 두 개의 도선을 가까이 두고 한 도선에 흐르는 전류의 세기를 변화시키는 방법이다. 전류가 흐르면 도선 주위에 자기장이 만들어진다. 이때 전류의 세기가 달라지면 전류에 의해 만들어지는 자기장의 세기도 달라진다. 도선에 흐르는 전류가 변할 때 그 도선 가까이

H

에 다른 도선이 놓여 있으면 이 도선에 기전력이 발생해 전류가 흐르게 되는 것이다.

전류가 흐르지 않는 회로에 스위치를 켜서 전류를 흐르게 하면 도선 주위에는 없던 자기장이 만들어진다. 다시 말해, 도선 주위에 자기장의 변화가 생긴다. 자기장의 변화는 기전력을 발생시키므로 도선에는 전원에서 공급되는 전류 외에 자기장의 변화가 만들어 내는 유도 전류도 흐르게 된다. 이때 자기장의 변화로 흐르는 유도 전류는 청개구리 법칙에 의해 항상 변화를 방해하는 방향으로 흐른다. 따라서 스위치를 켜는 순간 회로에 전류가 갑자기 증가하는 것이 아니라, 유도 기전력에 의한 유도 전류를 극복해 가면서 서서히 증가하게 된다. 스위치를 켜는 순간부터 일정한 전류에 도달할 때까지의 시간이 매우 짧기 때문에 우리가 전기를 사용할 때는 이것을 느끼지 못할 뿐이다.

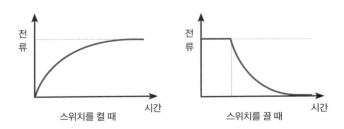

스위치를 켜거나 끌 때 자체 유도 현상에 의해 전류의 변화를 방해하는 방향으로 유도 전류가 발생한다.

그렇다면 전류가 흐르는 회로의 스위치를 끌 경우에는 회로에 어떤 전류가 흐를까? 스위치를 차단하면 전원과의 연결이 끊어져 전류가 0으로 떨어진다. 하지만 전류가 흐르던 회로에 전류가 흐르지 않게 되는 것도 전류의 변화이므로 회로에 기전력이 유도되어 유도 전류가 흐르게 된다. 따라서 스위치를 차단한 뒤에도 원래 전류가 흐르던 방향으로 잠시 전류가 흐른다. 이렇게 도선에 흐르던 전류가 변하면서 도선 자체에 유도 기전력을 발생시키는 것을 '자체 유도self induction'라고 한다.

이번에는 두 개의 도선이 있는 경우를 생각해 보자. 한 도선에 흐르는 전류가 변하면 도선 주변 자기장에 변화가 생기고, 이자기장의 변화가 두 번째 도선에 유도 기전력을 발생시켜 유도전류가 흐르게 된다. 이렇게 한 도선의 전류 변화가 두 번째 도선에 유도 기전력을 발생시키는 것을 '상호 유도mutual induction'라고 한다.

그런데 도선의 재질, 도선 사이의 거리, 도선의 배치 상태 등은 외부적 요인이므로 한번 정해지면 변하지 않는 상수이다. 따라서 유도 기전력의 크기는 전류의 변화량에 비례한다고 말할 수 있다. 이것을 식으로 나타내면 다음과 같다.

유도 기전력(V) = 유도 계수(H) × 전류의 변화량($\frac{dI}{dt}$)

유도 계수는 도선의 재질, 도선 사이의 거리, 도선의 배치 상태와 같은 외부적인 요소에 따라 정해지는 상수를 뜻한다. 유도 계수에는 자체 유도 계수(자체 인덕턴스self inductance)와 상호 유도 계수(상호 인덕턴스mutual inductance)가 있지만 그 의미는 같기 때문에 같은 단위를 이용하여 나타낸다. 변해 가는 전류가 자기장의 변화를 만들어 내고 변하는 자기장이 기전력을 만드는 현상인 상호 유도는 다름 아닌 1831년에 마이클 패러데이가 발견한 전자기 유도 법칙이다. 미국의 조지프 헨리도 비슷한 시기에 상호 유도 현상을 발견했지만 패러데이가 먼저 그 결과를 발표했기 때문에 상호 유도 현상을 발견한 영예는 패러데이의 차지가 되었다. 하지만 헨리는 유도 계수의 단위에 이름을 남겨 그 공로를 어느 정도 인정받았다.

스위치를 켜거나 끌 때처럼 전류의 변화가 일시적이라면 유도 전류도 일시적으로 흐르고 말겠지만 도선에 흐르는 전류가 계속적으로 변하는 경우에는 유도 전류도 계속 흐르게 된다. 교류는 전류의 방향과 크기가 계속해서 달라지는 전류이다. 따라서 도선에 교류가 흐르면 가까이 있는 다른 도선에도 교류가 유도된다. 이 원리를 이용하면 도선으로 연결하지 않고도 전기 에너지를 다른 도선에 전달할 수 있다.

최근에 많이 사용하는 인덕션 레인지나 무선 충전기는 이 원리를 이용하여 전기 에너지를 전송하는 전기 기구이다. 인덕션 레인지에 교류가 흐르면 상호 유도의 원리에 의해 금속 용기에 전류가 발생한다. 이렇게 발생한 유도 전류가 금속 용기의 저항에 의해 열을 발생시켜 요리를 할 수 있다. 따라서 인덕션 레인지에는 유도 계수가 높은 금속으로 된 용기만 사용할 수 있다.

유도 계수의 단위

유도 계수의 단위는 헨리henry(H)이다. 1초에 1암페어(A)의 전류 변화가 있을 때 자체 유도나 상호 유도에 의해 1볼트(V)의 유도 기전력이 발생하는 도선의 유도 계수를 1헨리(H)라고 한다.

$$1볼트(V) = 1헨리(H) \times 1암페어(A)/초(s)$$

유도 기전력의 크기는 도선에 흐르는 전류의 크기가 아니라 전류의 변화율에 비례한다. 스위치를 넣어 1암페어의 전류가 흐르도록 하는 경우에도 이러한 전류 변화가 1초보다 훨씬 짧은 시간 동안에 일어나기 때문에 전류의 변화율은 초당 100암페어나 초당 1000암페어와 같이 아주 큰 값이 될 수 있다.

이와 같이 유도 계수가 1헨리인 도선에도 아주 큰 유도 전류가 흐를 수 있기 때문에 실제 전기 기구에서는 유도 계수가 1헨리보다 훨씬 작은 값을 가지도록 회로를 구성한다. 따라서 유도 계수의 단위로는 1000분의 1헨리를 나타내는 밀리헨리(mH)가 주로 쓰인다. 도선을 여러 번 감아 만든 코일의 유도 계수는

H

대개 수 밀리헨리이다.

직선 도선의 경우에는 유도 계수가 아주 작기 때문에 유도 기전력이나 유도 전류가 큰 문제가 되지 않는다. 그러나 도선을 여러 번 감아 만든 코일의 경우에는 유도 계수가 커서 큰 유도 기전력이 발생한다. 전류의 방향과 크기가 변하지 않는 직류 회로에서는 코일이 도선의 역할만 하지만 교류 회로에서는 전류의 변화를 방해는 유도 기전력으로 인해 저항의 역할을 한다. 그러므로 교류 회로에 흐르는 전류를 계산하기 위해서는 회로를 구성하고 있는 저항뿐만 아니라 축전기의 전기용량과 코일의 유도 계수도 알아야 한다.

실용성 있는 강한 전자석을 개발한 헨리

유도 계수에 이름을 남긴 과학자는, 패러데이와 비슷한 시기에 상호 유도 현상을 발견하고 실용적으로 사용할 수 있는 전자석을 개발한 미국의 물리학자 조지프 헨리Joseph Henry이다.

1820년에 전류가 흐르는 도선 주위에 자석의 성질이 만들어진다는 것을 처음 발견한 사람은 덴마크의 물리학자 한스 크리스티안 외르스테드였다. 외르스테드의 발견 이후 전류를 이용해 강한 자석을 만들려고 시도하는 사람들이 나타났다. 같은 해에 독일의 물리학자이자 화학자였던 요한 슈바이거Johann Schweigger는 여러 번 감은 도선 주위에 생기는 자기장을 측정함으로써 전류의 크기를 잴 수 있는 전류계를 만들었다. 그가 만든 전류계는 아주 작은 전류도 감지할 수 있었기 때문에 처음에는 증폭기라고 불렸다.

1824년에는 영국의 물리학자 윌리엄 스터전William Sturgeon이 니스 칠을 하여 절연한 말발굽 형태의 철심에 구리 도선을 18번 감은 전자석을 만들었다. 당시에는 절연체로 피복된 도선이 없었기 때문에 도선이 서로 닿지 않도록 드문드문 감을 수밖에 없었다. 따라서 스터전의 전자석은 잘 작동했지만, 그는 더 이상 강한 전자석을 만들 수는 없었다.

스터전의 전자석을 개량하여 실용적으로 사용할 수 있는 강한 전자석을 만든 사람이 조지프 헨리다. 헨리는 1797년 뉴욕 알바니에서 스코틀랜드 이민자의 아들로 태어났다. 가난했던데다 아버지마저 일찍 세상을 떠났기 때문에 헨리는 어릴 때부터 일을 해야 했다. 열세 살이 되던 해에는 학교를 그만두고 견습생이 되어 시계 제작과 은 제품 만드는 일을 배우기 시작했다. 하지만 그는 혼자 과학 공부를 계속했고, 1819년에 사립 중고등학교였던 알바니 아카데미Albany Academy에 입학했다. 학교를 졸업한 후에는 모교에서 수학과 자연철학을 가르치는 선생님이 되었다.

알바니 아카데미에 근무하는 동안 물리학의 여러 분야를 공부했던 그는 특히 전자석 만드는 일에 관심이 많았다. 헨리는 유럽에서 제작된 초보적인 전자석에서 얻은 아이디어와 앙페르 법칙을 바탕으로 강한 전자석 만들기에 도전했다. 그는 도선을 부도체로 감싼 다음 철심에 촘촘하게 감는 방법으로 강한 전자석을 만들 수 있었다.

1829년에 헨리는 비단으로 감싼 약 10미터 길이의 도선을 말굽형 철심에 400번 감아 강력한 전자석을 만들었다. 그는 코일의 길이가 일정한 길이보다 길어지면 오히려 전자석의 세기가 약해진다는 사실도 알아냈다. 도선의 길이가 길어지면 전기 저항이 증가해 전류가 약해지기 때문이었다. 헨리는 이러한 문제를 해결하기 위해 하나의 긴 도선을 여러 번 감는 대신 짧은 도선을 여러 개 감았다. 이 방법으로 그는 보통의 전지를 이용해 340킬

스터전이 만든 전자석.

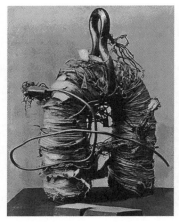

헨리의 전자석.

로그램이나 되는 물체를 들어 올릴 수 있는 강력한 전자석을 만
드는 데 성공했다.

1831년에는 자신이 개발한 전자석의 원리를 바탕으로 전기
로 움직이는 장치를 만들었다. 최초의 직류 모터 중 하나라고 할
수 있는 이 장치는 회전 운동을 하는 대신, 전자석을 구멍의 좌우
나 아래위로 움직여 문을 잠그거나 열 수 있었다. 이 장치는 훗날
전신기와 전기 모터의 발전에 크게 기여했다.

1832년에 프린스턴 대학의 자연사학과 교수가 된 헨리는
자연사와 건축, 화학 등을 가르치는 한편 전기와 자기에 관한 다
양한 실험을 수행하고 많은 논문을 발표했다. 1846년에는 새로
설립된 스미소니언 연구소Smithsonian Institution의 책임자가 되어
1867년에 세상을 떠날 때까지 유럽에 비해 뒤떨어졌던 미국의
과학을 발전시키는 일에 앞장섰다.

H

T 테슬라

니콜라 테슬라(1856~1943)

자기장의 세기, 또는 자속밀도의 단위.

세르비아 출신의 과학자 니콜라 테슬라의 이름을 땄다. 1T는 1제곱미터당
1웨버(Wb)의 자기력선이 지나가는 자속밀도, 또는 1쿨롱(C)의 전하를 띤
입자가 자기장에 수직한 방향으로 초속 1미터로 달릴 때 1뉴턴(N)의 힘을 받는
자기장의 세기이다. SI 유도단위이며, 다른 식으로 나타내면 다음과 같다.

$$T = \frac{Wb}{m^2} = \frac{N \cdot s}{C \cdot m} = \frac{kg}{A \cdot s^2}$$

전기장과 자기장, 그리고 맥스웰 방정식

고대 과학에서는 힘이 작용하기 위해서는 접촉해야 한다고 했다. 그러나 뉴턴은 질량 사이에 작용하는 중력은 접촉 없이도 작용하는 힘이라고 했다. 접촉하지 않고 먼 거리에서 힘이 작용하는 것을 원격작용이라고 한다. 전하 사이에 작용하는 전기력을 조사한 과학자들은 중력과 마찬가지로 전기력도 먼 거리에서 작용하는 원격작용이라고 했다.

그러나 원격작용은 과학자들에게 곤혹스러운 개념이었다. 태양과 지구가 중력을 작용하기 위해서는 서로 어디에 있는지 알아야 하는데 멀리 떨어진 곳에서 어떻게 태양이나 지구가 있다는 것을 알고 그 방향으로 중력을 작용할 수 있을까? 둘 사이의 거리는 또 어떻게 알고 거리 제곱에 반비례하는 힘이 작용할까? 이런 질문에 답할 수 없었던 과학자들은 질량이 있으면 그 주위에 질량에 비례하고 질량으로부터의 거리 제곱에 반비례하는 중력장이 만들어지고 중력장 안에 다른 질량이 들어오면 중력장과의 상호작용을 통해 중력이 작용한다고 설명하기 시작했다. 이런 설명은 원격작용에 비하면 훨씬 받아들이기 쉬웠다.

전자기학에도 장의 개념이 도입되었다. 그에 따라, 전하 주위에 전기장이 만들어지고 이 전기장 안에 전하가 들어오면 전기장과의 상호작용을 통해 전기력이 작용한다고 설명했다. 마찬가지로 전류 주변에는 자기장이 만들어지고 자기장 안에서 전하가 움직이면 자기력이 작용한다고 할 수 있다.

전자기 유도 법칙을 발견한 패러데이는 전기장과 자기장의 크기와 방향을 전기력선과 자기력선을 이용해 나타내는 방법을 생각해 냈다. 어떤 점에 +1쿨롱(C)의 전하를 가져왔을 때 이 전하가 받는 힘의 방향과 크기를 화살표로 나타내고 그것을 연결한 것이 전기력선이고, 자석을 가져왔을 때 N극이 받는 힘의 방향과 크기를 화살표로 나타내고 그것을 연결한 것이 자기력선이다. 이때 전기력선과 자기력선의 촘촘한 정도는 그 지점에서 전기장과 자기장의 세기를 나타낸다.

그런데 전기력선은 플러스 전하에서 시작해 마이너스 전하에서 끝나지만, 자기력선은 도선을 싸고도는 방향으로 생기기 때

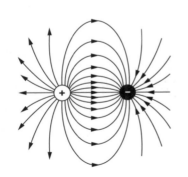

전기력선은 플러스 전하에서
시작되어 마이너스 전하에서 끝난다.
전기력선이 촘촘히 배열되어 있는
전하 근처는 전기장이 강하고 먼 곳은
전기장이 약하다.

문에 시작과 끝이 없다. 이것을 보고 전하에는 점전하가 존재하지만 자기에는 자기 홀극magnetic monopole이 존재하지 않는다고 말한다. 자연의 대칭성을 믿고 있는 과학자들은 전하에는 점전하가 존재하지만 자기에는 자기 홀극이 존재하지 않는 이유를 찾아내기 위한 연구를 하고 있다.

이처럼 전기장이나 자기장을 전기력선과 자기력선을 이용해 나타내는 것은 전자기력의 작용을 시각화할 수 있어 편리하다. 하지만 전기장과 자기장을 수학적으로 다루기에는 적당하지 않다.

전자기학을 완성한 영국의 제임스 클러크 맥스웰은 전기장과 자기장의 성질, 그리고 이들 간의 상호작용을 나타내는 네 가지 방정식을 제안했다. 맥스웰이 네 가지 방정식을 발견한 것은 아니었다. 그는 그때까지 밝혀진 전자기의 성질을 나타내는 법칙

전자기학을 완성한 제임스 클러크
맥스웰(1831~1879).

T

$$\nabla \cdot \mathbf{D} = \rho$$
$$\nabla \cdot \mathbf{B} = 0$$
$$\nabla \times \mathbf{E} = -\frac{\partial \mathbf{B}}{\partial t}$$
$$\nabla \times \mathbf{H} = \mathbf{J} + \frac{\partial \mathbf{D}}{\partial t}$$

맥스웰 방정식

들 중 가장 기본이 되는 방정식 네 개를 기본 방정식으로 정하고, 다른 식이나 법칙들은 이 기본 방정식들로부터 유도했다. 이 네 가지 방정식을 맥스웰 방정식Maxwell's equations이라고 부른다.

　　맥스웰 방정식의 첫 번째 식은 전기장의 성질을 나타내는 방정식으로 전기력선이 플러스 전하에서 시작되어 마이너스 전하에서 끝난다는 내용을 담고 있다. 이 식은 전기장에 관한 가우스 법칙이라고도 부른다. 두 번째 식은 자기장의 성질을 설명하는 방정식으로 자기장은 전류를 싸고도는 방향으로 만들어지기 때문에 시작과 끝이 없다는 것을 나타낸다. 맥스웰 방정식의 세 번째 식은 자기장의 변화가 전기장을 만들어 낸다는 패러데이의 전자기 유도 법칙을 나타내는 방정식이다. 그리고, 네 번째 식은 전류의 변화나 공간에서 전기장의 변화가 주변에 자기장을 만드는 것을 나타낸다. 이 식은 전류 주위에 만들어지는 자기장을 설명한 앙페르의 법칙에 전기장의 변화도 자기장을 만들어 낸다는 것을 나타내는 항을 추가한 방정식이다.

전기장과 자기장의 상호작용을 나타내는 세 번째와 네 번째 식은 전기장과 자기장 그리고 시간까지, 세 가지 변수를 포함하고 있는 연립 미분 방정식이다. 따라서 두 방정식을 연립해 전기장을 소거하면 자기장과 시간만의 방정식이 되고, 반대로 자기장을 소거하면 전기장과 시간만의 방정식을 얻을 수 있다. 그런데 이렇게 유도한 전기장과 자기장의 방정식이 빛의 속력으로 전파되는 파동 방정식이라는 것을 알게 되었다.

맥스웰은 수학적으로 유도된 전기장과 자기장의 파동 방정식을 바탕으로 공간에는 전기장과 자기장의 변화가 빛의 속력으로 퍼져 나가고 있는 전자기파가 존재한다고 예측했다. 또한, 이론적으로 계산한 전자기파의 속력과 실험을 통해 측정한 빛의 속력이 같다는 것을 알게 된 맥스웰은 빛도 전자기파의 일종이라고 주장했다.

그러나 맥스웰은 전자기파를 실제로 측정하지는 못했다. 전자기파가 실제로 공간을 통해 전파되고 있다는 것을 밝혀낸 사람은 독일의 하인리히 헤르츠였다. 헤르츠가 전자기파를 발견함으로써 전기장이나 자기장이 단지 전기력과 자기력을 설명하는 방법의 하나가 아니라, 물리적 실체라는 것을 알게 되었다. 최근에는 중력장의 변화가 파동의 형태로 전파되는 중력파Gravitational wave도 검출되어 중력장의 존재도 든든한 물리적 기반을 가지게 되었다.

T

전기장과 자기장의 세기를 나타내는 단위

한 점에서 전기장의 세기를 나타내는 방법에는 두 가지가 있다. 하나는 그 점에 단위 전하를 가져왔을 때 받는 힘의 크기와 방향으로 나타내는 방법이고, 다른 하나는 그 점을 지나는 전기력선 수(전기선속electric flux)의 밀도(전기선속밀도, 혹은 전속밀도)를 이용하여 전기력선이 얼마나 촘촘히 배열되어 있는지를 나타내는 방법이다.

어떤 점에 +1쿨롱의 전하를 가져왔을 때 1뉴턴(N)의 전기력을 받는 경우 그 점의 전기장의 세기는 1뉴턴(N)/쿨롱(C)이다. 이것을 식으로 나타내면 다음과 같다.

$$전기장의 세기 = \frac{전기력(N)}{전하(C)}$$

전기장의 세기는 단위 전하가 받는 전기력이므로 어떤 점에 전하를 가져왔을 때 받는 전기력은 전기장의 세기에 전하를 곱한 값이다. 전기장의 세기가 1N/C인 곳에 단위 면적당 1개의 전기력선이 지나간다고 하면 전기력선 밀도와 전기장의 세기를 나타내는 값이 같아진다. 이를 식으로 나타내면 다음과 같다.

$$전기장의 세기 = 전기선속밀도 = \frac{전기선속}{단면적(\text{m}^2)}$$

전기장의 세기나 전기선속의 크기를 나타내는 단위는 별도의 이름이 없다. 역학에서 중요한 역할을 하는 운동량의 단위와 마찬가지로 전자기학에서 중요한 역할을 하는 전기장의 단위에 별도의 명칭이 없는 까닭은, 아마도 전기장이나 운동량이 물리학에서는 중요한 양이지만 실생활에서는 자주 사용되는 양이 아니기 때문일 것이다.

전기장의 세기를 나타내는 단위에 별도의 명칭이 없는 것과는 달리, 자기장의 세기를 나타내는 단위에는 테슬라tesla(T)라는 명칭이 있다. 1960년에 개최되었던 국제도량형총회에서 슬로베니아의 전기공학자 프란츠 아브친France Avčin의 제안에 따라, 세르비아 출신으로 미국에서 활동했던 니콜라 테슬라의 이름을 따서 명명되었다. 전기공학자이자 과학자였던 테슬라는 자기장을 이용해 교류 전류를 전송하는 방법을 알아냈을 뿐만 아니라 자기장을 이용한 무선 전파 기술을 개발하는 등 전기 산업 발전에 크게 이바지했다.

1테슬라(T)는 자기장에 수직하게 놓인 도선에 1암페어(A)의 전류가 흐를 때 이 도선 1미터에 1뉴턴(N)의 자기력이 작용하는 자기장의 세기를 나타낸다. 1테슬라는 매우 강한 자기장이다. 따라서 대부분의 경우에는 100만 분의 1테슬라를 나타내는 마이크로테슬라(μT)라는 단위를 사용한다.

지구도 하나의 커다란 자석이기 때문에 지구 주위에도 자기장이 형성되어 있다. 지구 표면에서 지구 자기장의 방향과 세기는 위도에 따라 달라진다. 지구 자기장의 세기는 대략 20~80마이크로테슬라인데, 우리나라에서는 40마이크로테슬라쯤 된다. 지구 자기장은 지구의 자연환경에 큰 영향을 끼친다. 거북이나 새와 같은 동물은 지구 자기장의 세기를 감지하는 기관을 가지고 있어서 먼 거리를 여행할 때 지구 자기장의 세기로 방향을 알아낸다.

자기장의 세기를 나타내는 단위에는 테슬라 외에 가우스 gauss(G, 또는 Gs)가 있다. 독일의 수학자로 전기장에 관한 가우스 법칙Gauss's law을 발견하고 지구 자기를 조사하기도 했던 카를 프리드리히 가우스의 이름을 딴 가우스(G)는 국제단위계에는 포함되어 있지 않지만 공학 분야에서는 테슬라보다 더 자주 쓰인다. 1가우스는 0.0001테슬라이다. 즉, 10^4가우스가 1테슬라이다.

자기장의 세기는 자기선속밀도(자속밀도)로도 나타낼 수 있다. 자속밀도는 어떤 지점을 지나는 자기력선이 얼마나 촘촘한지를 나타내는 양으로, 단위 면적당 지나가는 자기력선의 수(자기선속magnetic flux)를 말한다. 자기선속의 SI 단위는 1제곱미터의 단면적을 지나가는 자기력선의 수를 나타내는 웨버(Wb)이다. 자기

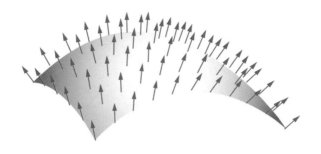

자기선속은 단위 면적에 수직한 방향으로 지나가는 자기력선의 수를
뜻한다. 자기선속의 SI 단위는 웨버(Wb)이고, 자기장의 세기인 테슬라는
자기선속의 밀도인 Wb/m²로 나타낼 수 있다.

장의 세기가 1테슬라인 지점의 자속밀도는 $1Wb/m^2$로 나타낼
수 있다. 다시 말해 어떤 점의 자기장 세기가 1테슬라일 때 그 점
을 포함한 1제곱미터의 면적에는 1웨버의 자기력선이 지나간다.
웨버(Wb)는 독일의 과학자로 가우스와 함께 지구 자기를 조사했
던 빌헬름 에두아르트 베버의 이름을 딴 것이다. 자기선속 단위
의 이름을 베버의 영어식 발음을 따라 웨버weber로 정한 것은
1930년에 열렸던 국제전기표준회의(IEC)에서였다.

　1제곱미터가 아니라, 1제곱센티미터의 면적을 지나가는 자
기력선의 수를 나타내는 자기선속, 즉 자기선속의 CGS 단위는
맥스웰maxwell(Mx)이다. 전자기학을 완성한 영국의 제임스 클러
크 맥스웰의 이름에서 따온 맥스웰(Mx)은 1930년 국제전기표준
회의(IEC)에서 자기선속의 단위로 채택되었으나 국제단위계에는

T

포함되지 못했다. 1맥스웰은 1억 분의 1웨버와 같다.

$$1맥스웰(Mx) = 10^{-8}웨버(Wb)$$

자기력을 계산할 때는 테슬라(T)나 가우스(G)를 사용하지만, 전기장과 자기장의 상호작용을 다룰 때는 웨버(Wb)나 맥스웰(Mx)과 같은 단위로 표현되는 자속밀도를 주로 사용한다. 전기장의 변화는 자기장을 만들고 자기장의 변화는 전기장을 만드는데, 이때 만들어지는 전기장과 자기장의 세기는 도선에 영향을 주는 면적을 지나가는 전기선속이나 자기선속의 밀도 변화에 의해 결정되기 때문이다.

자기장 관련 단위에 이름을 남긴 과학자들

니콜라 테슬라

자기장의 세기를 나타내는 단위에 이름을 남긴 니콜라 테슬라Nikola Tesla는 1856년 세르비아에서 세르비아 정교회 사제의 아들로 태어났다. 그는 오스트리아 그라츠종합기술학교Technische Universität Graz를 다니면서 전기에 대해 배웠지만, 알려지지 않은 이유로 졸업을 하지 못했다(이에 대해 여러 가지 이야기가 전해지지만 확실하지 않다). 아버지가 죽은 후 삼촌들의 도움으로 생전에 아버지가 권유했던 체코 프라하에 있는 샤를페르디난드 대학

Charles-Ferdinand University에서 청강생 신분으로 강의를 듣기도 했지만, 필수과목인 그리스어와 체코어를 몰랐기 때문에 학점을 인정받지는 못했다.

1880년에 테슬라는 부다페스트의 국립 전화회사에서 전기 엔지니어로 일했고, 1882년에는 파리로 가서 콘티넨털 에디슨 회사Continental Edison Company에서 전기 제품의 디자인을 개선하는 일을 했다. 1884년에 테슬라는 그의 상사가 토머스 에디슨에게 보내는 추천서를 들고 미국으로 향했다. 추천서에는 "나는 두 명의 위대한 사람을 알고 있습니다. 한 명은 당신이고 한 명은 이 젊은이입니다"라고 쓰여 있었다. 에디슨은 테슬라를 자신이 설립한 에디슨머신워크Edison Machine Works에 고용했다.

처음에 테슬라는 전기와 관련한 단순한 일들을 했지만 곧 에디슨사가 만들고 있던 직류 모터를 새롭게 설계하는 일을 맡았다. 테슬라의 주장에 의하면 에디슨은 이 일을 성공하면 5만 달러를 주기로 약속했다. 그러나 1885년에 임무를 완수한 테슬라가 약속했던 금액을 요구하자 에디슨은 그 약속은 미국식 농담이었을 뿐이라고 말했다. 5만 달러는 주급 18달러를 받고 있던 테슬라가 53년 동안 일을 해야 벌 수 있는 금액이었으므로 실제로 농담이었을 가능성이 있다. 하지만 실제로 그런 거금을 받을 것으로 믿었던 테슬라는 대신 주급을 25달러로 인상해 달라고 요구했고, 그것마저 거절당하자 회사를 그만두었다.

T

에디슨과 헤어진 테슬라는 1886년에 테슬라전기조명회사를 설립했다. 그러나 투자자가 교류 모터를 만들려는 테슬라의 계획에 반대하며 투자했던 돈을 회수했고, 사업은 실패로 돌아갔다. 하지만 테슬라는 전기 수리와 노동을 하여 모은 돈으로 1887년에 교류 모터를 개발하고 다음 해인 1888년에 미국전기공학자협회(AIEE, American Institute of Electrical Engineers)에서 발표했다.

1888년에 테슬라는 테슬라 코일Tesla coil의 원리를 발전시켰다. 테슬라 코일은 고전압 변압기와 코일 그리고 고전압 축전기를 조합하여 가정용 전기를 수백만 볼트까지 올릴 수 있는 장치이다. 테슬라 코일은 과학관의 인기 전시물 중 하나로, 우리나라 국립과천과학관에도 4만 볼트까지 올릴 수 있는 테슬라 코일이 설치되어 관람객들에게 볼거리를 제공하고 있다.

같은 해부터 테슬라는 웨스팅하우스 전기제조회사의 피츠버그 실험실에서 조지 웨스팅하우스George Westinghouse Jr.와 함께 일하기 시작했다. 1867년 철도 차량용 공기 브레이크를 발명한 후 에어 브레이크 회사를 차려 전 세계에 에어 브레이크를 공급했던 웨스팅하우스는 사업 영역을 전기 분야까지 넓히고 있었다. 그는 교류를 먼 거리까지 송전하는 테슬라의 아이디어에 관심이 많았고, 교류의 사용을 강력하게 주장했다. 따라서 직류 사용을 주장하던 에디슨과 오랫동안 격렬한 논쟁을 벌이며 경쟁했는데, 사람들은 이것을 '전류전쟁'이라고 부른다.

웨스팅하우스와 테슬라는 변압기를 이용해 손쉽게 전압을 올리거나 낮출 수 있어 원거리 송전에 유리한 교류를 사용해야 한다고 주장했고, 에디슨은 직류를 사용해야 한다고 맞섰다. 직류가 교류보다 유리했던 점은 모터를 작동시킬 수 있다는 것뿐이었는데 에디슨과 결별 후 테슬라는 교류 모터를 개발해 직류의 장점을 무력화했다. 그럼에도 불구하고 에디슨은 직류보다 교류가 위험하다고 주장하며 계속해서 교류의 사용을 반대했다.

그러나 1893년 시카고에서 열린 세계 박람회를 통해 테슬라와 웨스팅하우스는 교류를 전 세계 사람들에게 제대로 소개할 수 있었다. 최초로 한 건물 전체를 전기 관련 전시에 내주었던 이 박람회에서 테슬라와 웨스팅하우스는 교류를 이용한 형광 램프와 전구로 박람회장을 밝혀 사람들로부터 좋은 평가를 받았다. 특히 교류를 이용하여 무선으로 불이 켜지도록 만든 전구가 큰 인기를 끌었다. 1895년에는 나이아가라 폭포 수력발전소 건설 공사마저 웨스팅하우스가 따내면서 점차 교류가 우세해졌다. 그러나 에디슨과의 전류전쟁으로 웨스팅하우스의 재정 상태가 악화되자 테슬라는 웨스팅하우스의 특허 사용료를 면제해 주고, 웨스팅하우스와 헤어져 우주 복사선 연구를 시작했다.

전기 연구를 하면서도 엑스선, 무선통신, 무선 전기 에너지 송전 등의 연구를 병행했던 테슬라는 로봇공학, 탄도학, 컴퓨터공학, 핵물리학, 이론물리학 등 다양한 분야의 발전에도 직간접

T

적으로 크게 기여했다. 1917년에 미국전기공학자협회(AIEE)는
테슬라의 연구 업적을 높이 평가해 테슬라에게 에디슨 상을 수
여하려고 했지만 테슬라가 이를 거절했다. 그때까지도 에디슨에
대해 좋지 않은 감정이 남아 있었기 때문일 것이다.

결혼은 시간 낭비일 뿐이라고 생각했던 테슬라는 가족도 친
구도 없이 쓸쓸한 노년을 보냈다. 게다가 연구나 발명에 대한 정
당한 대가도 받지 못하고 자신의 재정 상황에도 무관심했던 탓
에 말년에는 매우 가난한 생활을 했다. 호텔과 임대 주택을 전전
하면서 어렵게 살아가던 테슬라는 87세였던 1943년에 뉴욕의

세르비아 베오그라드에
있는 테슬라 동상.
©Tiefkuehlfan/ CC BY-SA 4.0

한 호텔에서 쓸쓸하게 세상을 떠났다.

그러나 20세기 말에 그의 업적이 재조명되면서 다양한 기념사업이 전개되었고, 그의 고국인 세르비아에는 테슬라 기념관과 기념비가 세워졌다. 2003년에 미국의 마틴 에버하드Martin Eberhard와 마크 타페닝Marc Tarpenning은 전기 자동차 회사를 설립하고 니콜라 테슬라의 업적을 기리기 위해 회사 이름을 테슬라라고 지었다. 현재는 2004년에 투자자로 참여했던 일론 머스크Elon Reeve Musk가 최대 주주가 되어 회사를 경영하고 있다. 니콜라 테슬라와 직접 관련은 없지만 테슬라 자동차는 테슬라라는 이름을 전 세계 사람들에게 알리고 있다.

카를 프리드리히 가우스

국제단위계에는 속해 있지 않지만 자석 관련 산업계에서 널리 쓰이는 자기장의 단위 가우스(G)는 독일의 카를 프리드리히 가우스Johann Carl Friedrich Gauss의 이름에서 왔다. 가우스는 대수학, 기하학 등 수학의 여러 분야에서 뛰어난 연구 업적을 남겨 19세기의 가장 위대한 수학자 중 한 사람으로 꼽힌다. 독일 브룬스비크Brunswick의 가난한 가정에서 태어났지만 어려서부터 수학에 뛰어난 재능을 보였던 가우스는 브룬스비크 공작의 지원으로 카롤리눔 고등학교를 거쳐 괴팅겐 대학Georg-August-Universität Göttingen에서 공부했다.

T

카를 프리드리히 가우스
(1777~1855).

고등학교 시절에 이미 정수론 등의 수학 분야에서 천재성을 보인 그는 괴팅겐 대학에 다니는 동안 정17각형 문제에 매료되어 수학을 전공하게 되었다. 1801년 소행성 케레스Ceres가 발견된 후 가우스가 이 소행성의 궤도를 계산해 내는 데 성공했고, 이를 계기로 괴팅겐 대학의 교수 겸 천문대 대장이 되었다. 그는 천체역학, 측지학, 미분기하학, 물리학에서 많은 연구 업적을 쌓았는데, 물리학 분야에서는 자기선속의 단위에 이름을 남긴 빌헬름 베버와 함께 지구 자기를 이론적으로 체계화했으며 자기 관측소를 설치했다.

빌헬름 에두아르트 베버

자기선속을 나타내는 SI 단위인 웨버(Wb)는 독일의 물리학자 빌헬름 에두아르트 베버Wilhelm Eduard Weber의 이름에서 왔다. 독일 비텐베르크Wittenberg에서 신학 교수의 아들로 태어난 베버는 대학에서 자연철학을 공부하고 박사학위를 받은 뒤 할레 대학 Universität Halle의 교수가 되었다. 27세이던 1831년에는 가우스의 추천으로 괴팅겐 대학의 물리학 교수가 되었고, 이곳에 있는

동안 가우스 등과 함께 지구 자
기장의 지도를 만들었다.

빌헬름 에두아르트 베버
(1804~1891).

베버는 라이프치히 대학
Universität Leipzig의 해부학 교수
로 있던 그의 형 에른스트 하인
리히 베버Ernst Heinrich Weber와
함께 유체의 파동이론에 관한
책을 쓰기도 했다. 음향학에도
관심이 많았던 그는 음파에 관
한 논문도 여러 편 발표했다. 1833년에는 가우스와 함께 최초의
전신기를 만들어 괴팅겐 대학의 물리학 연구소와 천문대를 연결
했다. 그러나 1837년 그는 자유주의적인 헌법을 무효 선언한 국
왕에 항의하다가 괴팅겐 대학에서 해임되었다(괴팅겐 7교수 사건
이라고 하며, 7명에는 그림 형제인 야콥 그림과 빌헬름 그림도 있었다).
그 후 베버는 괴팅겐을 떠나 유럽을 여행하고 6년간 라이프치히
대학 교수로 근무하기도 했지만, 1849년에 다시 괴팅겐 대학으
로 돌아와 지구 자기장을 연구했다.

베버가 칼 프리드리히 가우스, 칼 볼프강 벤자민 골드스미
스Carl Wolfgang Benjamin Goldschmidt와 함께 발표한 지구 자기장
지도는 그의 가장 중요한 업적으로 평가된다.

T

Hz 헤르츠

하인리히 헤르츠(1857~1894)

진동수(주파수)의 단위.

독일의 물리학자 하인리히 헤르츠의 이름을 땄다.

1Hz는 1초(s) 동안에 1번 진동하는 진동수를 나타낸다.

SI 유도단위이며, 기본단위로 나타내면 다음과 같다.

$$Hz = 진동횟수/s = s^{-1}$$

진동 운동과 파동, 그리고 전자기파

용수철 끝에 추를 매달고 추를 아래로 늘어뜨린 다음 용수철을 크게 늘였다가 놓으면 추는 평형점을 중심으로 아래위로 왕복 운동한다. 이렇게 한 지점을 중심으로 하는 왕복 운동을 '진동oscillation'이라고 한다. 이때 진동이 1초에 몇 번 일어나는지를 나타내는 것이 진동수frequency이다. 용수철의 길이가 짧으면 빠르게 진동해 진동수가 크고, 용수철의 길이가 길면 천천히 진동해 진동수가 작다. 추가 중심에서 얼마나 멀리까지 왔다 갔다 하는지를 나타내는 진폭amplitude은 진동 에너지와 관련이 있다. 진폭이 크면 진동 에너지가 크고, 진폭이 작으면 진동 에너지가 작다.

한 번 진동하는 데 걸리는 시간을 주기period라고 한다. 주기는 진동수의 역수이다. 1초에 10번 진동하는 경우, 즉 진동수가 10인 경우 한 번 진동하는 데 걸리는 시간인 주기는 0.1초이다. 진동수나 주기는 진폭과는 관계없이 용수철의 길이와 탄성 계수에 의해서만 결정된다.

이번에는 줄에 매달린 추를 잡고 왼쪽이나 오른쪽으로 움직였다가 놓아 보자. 이 경우에는 추가 가운데 지점을 중심으로 좌우로 진동한다. 이때 추가 얼마나 빠르게 진동하는지를 나타내는

Hz

진동수는 줄의 길이와 지구의 중력가속도의 크기에 따라 달라지지만, 얼마나 크게 흔들었는지에 의해서는 달라지지 않는다. 진자의 진동수가 진폭에 관계없이 일정하다는 '진자의 등시성等時性'을 처음 발견한 사람은 이탈리아의 과학자 갈릴레오 갈릴레이였다. 오늘날 기초 물리실험실에서는 진자의 주기나 진동수를 측정하여 그 지역의 중력가속도를 알아내는 실험을 많이 한다.

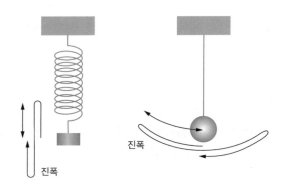

진폭

진폭

진동 운동

진동수(s⁻¹) 1초 동안에 진동하는 횟수
주기(s) 한 번 진동하는 데 걸리는 시간으로 진동수의 역수
진폭(m) 진동 운동의 크기

이번에는 한 점을 중심으로 왕복 운동하는 진동이 아니라, 진동이 물이나 공기와 같은 매질을 통해 이동해 가는 경우를 생각해 보자. 연못 한가운데 돌을 던지면 물이 아래위로 진동하면

서 생긴 마루와 골이 중심(돌이 떨어진 곳)으로부터 바깥쪽으로 퍼져 나간다. 이것을 파동이라고 한다. 파동에서는 어떤 한 지점을 마루나 골이 1초에 몇 개 지나갔는지를 나타내는 것이 진동수이다. 다시 말하면, 파동이 지나가는 물 위에 나뭇잎을 띄워 놓았을 때 나뭇잎이 1초에 몇 번 아래위로 진동하는지를 나타내는 것이 진동수이다.

그리고 파동이 퍼져 나가는 모습을 사진으로 찍었을 때 사진에 나타난 마루에서 마루, 또는 골에서 골까지의 거리가 파장 wavelength이다. 따라서 진동수와 파장을 곱하면 1초당 파동이 진행한 거리, 즉 파동의 속력이 된다. 파동에도 매질이 얼마나 크게 진동하는지를 나타내는 진폭이 있고, 진동수의 역수인 주기가 있다. 진동수나 파장, 그리고 파동의 속력은 파동의 특성을 나타내는 중요한 물리량들이다.

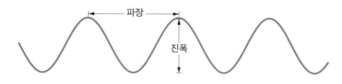

파동

진동수(s⁻¹) 1초 동안에 지나가는 마루나 골의 수
파장(m) 마루와 마루 또는 골과 골 사이의 거리
속력(m/s) 진동수와 파장의 곱
주기(s) 진동수의 역수
진폭(m) 파동의 높이

맥스웰은 수학적 분석을 통해 공간에 만들어진 전기장과 자기장의 변화가 파동의 형태로 퍼져 나간다는 것과 전자기파의 속력이 빛의 속력과 같다는 것을 알아냈다. 독일의 하인리히 헤르츠는 실험을 통해 전자기파를 발견함으로써 맥스웰이 수학적으로 예측했던 전자기파가 실제로 존재한다는 것을 증명했다. 헤르츠는 또한 전자기파가 빛과 마찬가지로 직진, 반사, 굴절, 편광 등의 성질을 보인다는 것과 전자기파의 속력이 빛의 속력과 같다는 사실도 확인했다. 이로써 빛이 전자기파의 일종이라는 사실이 분명해졌다.

전자기파도 다른 파동과 마찬가지로 진동수, 파장, 주기, 진폭, 그리고 속력을 이용해 그 특성을 설명할 수 있다. 전자기파의 진동수는 주파수라고 부르기도 한다. 빛의 속력도 진동수와 파장을 곱해서 구할 수 있다. 그런데 아인슈타인의 상대성이론에 의하면 빛의 속력은 우주 어디에서나, 그리고 관측하는 사람의 운동 상태에 관계없이 항상 일정하다. 따라서 빛의 속력을 진동수로 나누면 파장이 되고, 빛의 속력을 파장으로 나누면 진동수가된다.

$$\frac{c}{f} = \lambda, \quad \frac{c}{\lambda} = f \qquad (c\text{는 빛의 속력}, f\text{는 진동수}, \lambda\text{는 파장})$$

전자기파를 이루는 광자光子, photon 하나의 에너지는 진동수에 플랑크 상수(2장 참조)를 곱한 값이다. 그러므로 파장이 긴(따라서 진동수가 작은) 전파의 광자는 에너지가 적고, 파장이 짧은(따라서 진동수가 큰) 엑스선이나 감마선 광자는 에너지가 크다. 전자기파의 총에너지는 전자기파를 이루는 광자 하나의 에너지에다 광자의 수를 곱해서 구할 수 있다. 다시 말해 전자기파의 에너지는 플랑크 상수에다 진동수를 곱한 값의 정수배만 가능하다. 이렇게 에너지가 최소 단위의 정수배만 가능한 것을 에너지가 양자화되었다고 말한다. 양자화된 물리량을 다루는 역학이 양자역학이다.

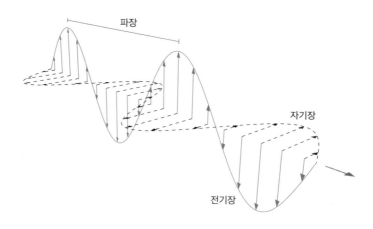

전자기파

진동수(s⁻¹) 1초 동안에 지나가는 마루나 골의 수

진동수 = 빛의 속력(c) ÷ 파장

파장(m) 마루와 마루 또는 골과 골 사이의 거리

파장 = 빛의 속력(c) ÷ 진동수

속력(m/s) 전자기파의 속력은 곧 빛의 속력(c)임

빛의 속력(c) = 진동수 × 파장

주기(s) 진동수의 역수

광자의 에너지 플랑크 상수(h) × 진동수

전자기파의 에너지 광자 하나의 에너지 × 광자수

진동수의 단위

진동수를 나타내는 단위는 헤르츠hertz(Hz)이다. 1헤르츠는 1초 동안에 1번 진동하는 진동수를 나타낸다. 1935년에 국제전기표준회의(IEC)는 실험을 통해 전자기파를 발견한 하인리히 헤르츠의 업적을 기리기 위해 진동수의 단위를 헤르츠(Hz)로 부르자고 결의했고, 1960년에 열린 국제도량형총회에서 공식적으로 결정되었다. 이로써 기존에 사용되던 사이클 퍼 세컨드(cycle/s, cps) 대신 헤르츠가 진동수의 단위가 되었다.

1초에 한 번 진동하는 진동수가 1헤르츠이므로, 60헤르츠인 가정용 전기는 1초에 60번 진동하고, 1킬로헤르츠(kHz)인 전자기파는 1초에 1000번 진동한다. 진동수가 아주 큰 경우에는 1000만 헤르츠를 나타내는 메가헤르츠(MHz)나 10억 헤르츠를 나타내는 기가헤르츠(GHz)를 이용해 나타낸다.

전자기파는 진동수에 따라, 또는 파장에 따라 몇 가지로 분류한다.

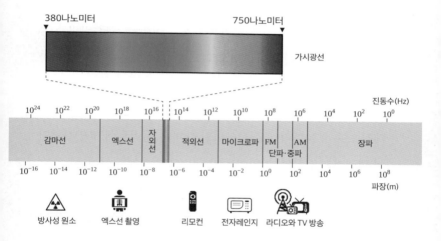

전자기파는 진동수, 혹은 파장에 따라 여러
종류로 나눌 수 있다. 우리 눈은 좁은 범위의
전자기파만 볼 수 있다. 우리 눈으로 볼 수 있는
전자기파를 가시광선이라고 한다.

진동수가 가장 작은(또는 파장이 가장 긴) 전자기파는 전파이다. 진동수가 300기가헤르츠보다 작은 전파는 주로 무선통신이나 라디오·텔레비전 방송에 사용되는데, 전파는 다시 장파, 중파, 단파, 초단파(마이크로파)로 나눈다.

진동수가 300킬로헤르츠보다 작은 장파는 도달 거리가 멀어 원거리 무선통신이나 AM 라디오 방송에 이용된다. 진동수가 300킬로헤르츠에서 3000킬로헤르츠 사이인 중파는 아마추어 무선사들이나 AM 방송에서 주로 사용한다. 진동수가 3000킬로헤르츠에서 30메가헤르츠 사이인 단파는 전리층에서 반사되면서 멀리까지 전달될 수 있어 국제 라디오 방송에 사용된다.

진동수가 30메가헤르츠에서 300기가헤르츠 사이인 초단파(마이크로파)는 전리층에서 반사되지 않아 멀리까지 전달되지 않기 때문에 단거리 통신이나 FM 라디오 방송에 사용된다. 물 분자에 915메가헤르츠의 초단파나 2.45기가헤르츠의 초단파를 쪼이면 진동 운동을 하는데, 이것을 이용해 음식물을 데우는 장치가 전자레인지이다. 따라서 전자레인지는 수분을 포함하고 있는 음식물만 데울 수 있다.

전파를 분류할 때 진동수를 기준으로 삼는 것과 달리, 적외선보다 파장이 짧은 전자기파는 파장을 기준으로 분류하는 것이 일반적이다. 파장을 알면 진동수를 계산할 수 있기 때문에 진동수 대신 파장을 이용하여 분류하는 것은 관습에 의한 것일 뿐 별

다른 의미는 없다.

적외선은 파장이 0.1밀리미터(mm)에서 780나노미터(nm) 사이인 전자기파로, 빛을 비췄을 때 따뜻함을 느낄 수 있다. 가정에서 사용하는 리모트컨트롤은 대부분 적외선을 이용한다. 인간의 눈으로 볼 수 있는 전자기파인 가시광선은 파장이 780나노미터에서 380나노미터 사이인 전자기파이다. 표면 온도가 약 6000도인 태양은 가시광선을 가장 많이 낸다. 우리 눈은 태양이 내는 전자기파를 잘 볼 수 있도록 진화한 것이다.

파장이 380나노미터에서 10나노미터 사이인 자외선은 분자의 구조를 바꿀 수 있는 전자기파이다. 따라서 자외선을 많이 쪼이면 피부가 손상을 입을 수 있다. 파장이 10나노미터에서 0.01나노미터 사이인 전자기파는 엑스선이라고 부르고, 파장이 0.01나노미터보다 작은 전자기파는 감마선으로 분류한다. 파장이 짧은 엑스선과 감마선은 에너지가 커서 원자나 분자를 이온화시켜 심각한 손상을 초래할 수 있으므로 엑스선이나 감마선에 지나치게 노출되지 않도록 조심해야 한다.

전자기파를 발견하여 무선통신의 바탕을 만든 하인리히 헤르츠

진동수의 단위에 이름을 남긴 독일의 하인리히 헤르츠Heinrich

Hertz는 1857년에 독일 함부르크에서 부유한 귀족 가문의 아들로 태어났다. 그는 고등공업학교를 졸업하고 베를린 대학 물리학과에 진학했는데, 그곳에서 구스타프 키르히호프Gustav Robert Kirchhoff와 헤르만 폰 헬름홀츠에게 배우면서 전자기 이론과 전자기파에 관심을 가지게 되었다. 키르히호프는 전기회로에 관한 이론을 정립하고 원자가 내는 스펙트럼을 연구한 과학자로 잘 알려져 있으며, 헬름홀츠는 유체 운동 연구에 크게 기여한 과학자이다.

1880년에 베를린 대학에서 박사학위를 받은 헤르츠는 3년 동안 헬름홀츠 교수의 지도 아래 박사후연구원으로 있다가 1883년에 킬 대학Christian-Albrechts-Universität zu Kiel의 이론물리학 교수가 되었다. 1885년에는 카를스루에 공과대학Karlsruher Institut für Technologie으로 자리를 옮겼다. 헤르츠가 전자기파를 발견한 것은 카를스루에 공과대학에 있을 때였다.

그는 높은 진동수의 전기 진동을 만들어 내는 회로를 구성해 전자기파를 발생시키고 회로와 떨어진 곳에서 이 신호를 수신하는 실험을 했다. 헤르츠는 하나의 코일을 이용해 높은 진동수의 전기 스파크를 일으켰을 때 서로 떨어져 있는 다른 코일에도 전기 스파크가 생기는 현상을 관측하는 데 성공했다. 전기 신호가 무선으로 전달된 것이다.

그는 또한 오목거울로 평행한 전자기파를 만들어 전자기파

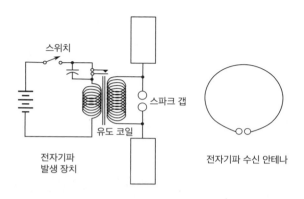

스위치

스파크 갭

유도 코일

전자기파
발생 장치

전자기파 수신 안테나

헤르츠의 실험 장치 ©DMGualtieri/ CC BY-SA 3.0

의 직진·반사·굴절·편광 등의 성질을 조사했다. 그 결과 맥스웰이 예측한 대로 전자기파가 빛과 똑같은 성질을 보일 뿐만 아니라, 전자기파의 속력이 빛의 속력과 같음을 확인했다.

　헤르츠의 실험은 단순히 전자기파의 존재를 확인하는 데 그친 것이 아니라, 전자기파의 성질을 모두 규명한 것이었다. 1887년 10월에서 1888년 2월 사이에 이루어진 헤르츠의 실험으로 맥스웰이 수학적 계산을 통해 예측했던 전자기파가 실제로 존재한다는 것이 분명해지자, 맥스웰 방정식은 빠른 속도로 전자기학의 중심이론으로 자리 잡았다.

　헤르츠는 전자기파 발견 실험을 하고 1년 후인 1889년에 본 대학Rheinische Friedrich-Wilhelms-Universität Bonn의 물리학과

교수 겸 물리학 연구소 소장으로 자리를 옮겼다. 이곳에 있는 동안 그는 역학 이론을 연구하고 『새로운 형식으로 제시된 역학의 원리*Die Prinzipien der Mechanik in neuem Zusammenhange dargestellt*』라는 책을 출판했다. 그러나 1892년부터 심한 편두통에 시달렸던 헤르츠는 여러 차례 수술을 받았음에도 불구하고 1894년 1월 1일에 36세

카를스루에 공과대학에 있는 하인리히 헤르츠 기념비.
©Ajepbah/ CC BY-SA 3.0

의 젊은 나이로 세상을 떠나고 말았다.

얼마 후 헤르츠가 발견한 전자기파가 무선통신에 사용되기 시작했다. 헤르츠가 떠나고 불과 1년 후인 1895년에 이탈리아의 굴리엘모 마르코니Guglielmo Marconi가 3.2킬로미터 떨어진 두 지점 간의 무선통신에 성공했다. 그는 1896년 영국으로 가서 무선통신 특허를 신청하고 무선통신 회사를 차렸다. 마르코니가 도버 해협에서 무선통신에 성공하자 많은 사람들이 주목하기 시작했다. 1901년에 대서양을 횡단하는 영국과 미국 간의 무선통신에 성공한 마르코니는 1907년에 유럽과 미국 사이의 무선통신 사업을 시작했다. 마르코니는 무선통신의 발전에 기여한 공로로 1909년에 노벨 물리학상을 받았다.

우리가 살고 있는 21세기는 그야말로 전자기파를 이용한 무선통신의 시대라고 할 수 있다. 우리 생활의 중요한 부분을 차지하고 있는 텔레비전 방송과 스마트폰이 모두 전자기파를 이용한 무선통신으로 이루어지며, 각종 리모트컨트롤과 전자기기 간의 단거리 통신도 모두 무선으로 이루어진다. 1888년에 헤르츠가 처음으로 찾아낸 전자기파가 불과 130여 년 사이에 우리가 살아가는 모습을 완전히 바꾸어 놓은 것이다.

Hz

셀시우스

섭씨온도

안데르스 셀시우스(1701~1744)

섭씨온도의 단위.

물의 어는점을 0℃로 하고 끓는점을 100℃로 한 뒤,

그 사이를 100등분한 온도 체계. 백분율 온도라고도 한다.

스웨덴의 천문학자 안데르스 셀시우스의 이름에서 유래되었다.

2018년 이후에는 볼츠만 상수를 이용해 새롭게 정의되었다.

절대온도(K)와 함께 SI 단위에 속한다.

파렌하이트
화씨온도

D a n i e l   F a h r e n h e i t

다니엘 파렌하이트(1686~1736)

화씨온도의 단위.
물의 어는점을 32˚F로 하고 끓는점을 212˚F로 한 뒤,
그 사이를 180등분한 온도 체계. 독일의 물리학자
다니엘 파렌하이트의 이름에서 유래되었다.
화씨온도는 SI 단위에 속하지 않는다.

K

켈빈 절대온도

켈빈 경, 윌리엄 톰슨(1824~1907)

열역학적 온도의 단위.
볼츠만 상수가 $1.380\,649 \times 10^{-23}$ J/K이 되도록
정한 온도로, 물의 삼중점과 절대영도(0K) 사이를
273.16등분하여 나타낸 온도 체계. 켈빈 경(Lord Kelvin)으로
불리는 영국의 물리학자 윌리엄 톰슨의 이름을 따서
명명되었다. SI 기본단위이다.

열운동 에너지와 온도

우리는 일상생활에서 뜨겁고 차가운 것을 늘 느끼면서 살고 있기 때문에 뜨겁다는 것과 차갑다는 것이 어떤 상태를 의미하는지 잘 알고 있다. 그러나 뜨겁게 느끼도록 하는 것과 차갑게 느끼도록 하는 것이 무엇인지를 과학적으로 설명하는 일은 그렇게 간단하지 않다. 열이 무엇인지를 설명하는 문제를 두고 과학자들은 오랫동안 논쟁을 벌였다. 열의 실체를 제대로 이해할 수 있게 된 것은 물질이 원자나 분자로 이루어져 있다는 것을 알게 된 19세기 이후의 일이다.

우리 주변에 있는 모든 물질은 원자나 분자로 이루어져 있다. 그런데 물질을 이루는 원자나 분자는 절대영도(0K)가 아닌 온도에서는 정지해 있는 것이 아니라 계속 움직인다. 기체뿐만 아니라 액체나 고체를 이루고 있는 원자나 분자도 활발하게 운동하고 있다. 고체의 분자들은 주로 진동 운동을 하고, 액체의 분자들은 진동 운동을 하면서 회전 운동도 한다. 기체 속 분자들은 자유롭게 공간을 날아다닌다.

물질을 이루고 있는 분자들이 이렇게 활발하게 운동하고 있는데도 물체가 움직여 가지 않는 것은 분자들의 운동 방향이 제

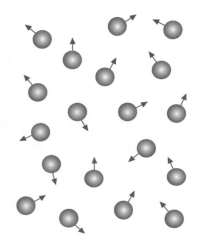

물질을 구성하는 입자들의
무작위 운동이 열운동이다.

각각이기 때문이다. 다시 말해 분자들이 이쪽저쪽 무작위로 운동
하고 있어서 전체 운동을 평균하면 질량 중심의 운동은 0이 된
다. 물질을 이루는 분자들의 무작위 운동을 열운동이라고 한다.
반면, 외부에서 힘을 가해 물체를 움직이는 경우에는 물체를 이
루는 모든 분자들이 같은 방향으로 움직여 간다. 이런 운동을 병
진 운동이라고 한다. 우리가 보통 운동이라고 할 때는 물체 전체
가 이동해 가는 병진 운동을 말한다.

    대개는 한 물체 안에서 열운동과 병진 운동이 동시에 일어
난다. 많은 사람이 타고 있는 기차가 달리는 경우를 생각해 보자.
기차가 빠르게 달리는 동안, 기차 안에 타고 있는 사람들은 이리
저리 돌아다니기도 하고 몸을 굽히거나 뻗기도 하며 팔다리를

움직이기도 한다. 이때 기차와 기차에 타고 있는 사람들이 모두 한 방향으로 달려가는 것은 병진 운동에 해당하고, 기차 안에 타고 있는 사람들이 이리저리 움직이는 것은 열운동에 해당한다.

우리가 자주 사용하는 운동 에너지라는 말은 물체 전체가 이동하는 병진 운동에 의한 에너지를 말한다. 그렇다면 열운동에 의한 에너지는 무엇이라고 부를까? 열운동에 의한 에너지는 열에너지라고 부르기도 하지만 내부 에너지라고 부르기도 한다. 내부 에너지는 물체가 가지고 있는 위치 에너지, 전기 에너지, 원자핵 에너지 등 여러 가지 에너지를 통틀어 지칭하는 말이지만, 열현상을 다룰 때는 주로 열운동에 의한 에너지만을 의미하곤 한다. 열 현상이 일어날 때 다른 에너지는 대부분 일정하게 유지되기 때문이다. 그러나 열역학에서도 경우에 따라서는 내부 에너지에 중력으로 인한 위치 에너지나 상태 변화와 관련된 물리 화학적 에너지를 포함시키기도 한다.

물질의 양이 일정할 때 열운동에 의한 내부 에너지는 온도에 비례한다. 온도가 높다는 것은 물체를 이루는 분자들이 활발하게 운동하고 있어 내부 에너지가 높다는 뜻이고, 온도가 낮다는 것은 분자들이 천천히 운동하고 있어 내부 에너지가 낮다는 뜻이다. 그러므로 온도를 측정한다는 것은 내부 에너지의 크기를 측정하는 것이다.

우리가 물체를 만졌을 때 뜨겁다고 느끼는 까닭은 그 물체

를 이루고 있는 입자들의 운동이 활발해서 온도를 감각하는 세포를 크게 자극하기 때문이다. 반대로 물체를 이루고 있는 입자들이 우리 몸을 구성하고 있는 분자들보다 느리게 운동하는 경우에는 물체의 분자들에게 에너지를 빼앗겨 우리 몸의 분자들이 이전보다 천천히 움직이기 때문에 차갑다고 느끼게 된다.

온도에 따라 공기의 부피가 줄어들거나 늘어난다는 사실은 고대 그리스 시대부터 알려져 있었다. 16세기와 17세기에는 이탈리아의 갈릴레오 갈릴레이, 산토리오 산토리오Santorio Santorio, 주세페 비안카니Giuseppe Biancani와 같은 많은 과학자들이 공기의 이런 성질을 이용하여 차갑고 뜨거운 정도를 측정하는 장치를 만들려고 시도했다. 눈금이 없었기 때문에 온도가 올라가고 내려가는 것만을 측정할 수 있었던 기체 온도계는 열 측정기라는 뜻의 '서모스코프thermoscope'라고 불렸다. 그러나 기체의 부피는 온도에 의해서뿐만 아니라 압력에 의해서도 크게 달라지기 때문에 기체 온도계로는 정확한 온도를 측정하기 어렵다.

1629년에 갈릴레이의 제자였던 조셉 델메디고Joseph Solomon Delmedigo는 알코올과 물이 섞인 액체를 이용한 온도계의 원리를 설명했다. 하지만 자신이 직접 그런 온도계를 발명하거나 만들었다고 주장하지는 않았다. 1654년에 액체를 이용한 온도계를 실제로 제작한 사람은 투스카니의 대공이었던 메디치의 페르디난도 2세Ferdinando de' Medici였다. 그 후 여러 가지 다른 액체를

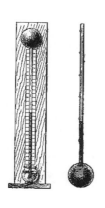

갈릴레이의 기체 온도계,
서모스코프.

초기의 액체 온도계 중 하나.
©Asesen/ CC BY-SA 4.0

이용한 온도계가 만들어졌는데, 가장 널리 쓰인 액체는 알코올과
물을 서로 다른 비율로 섞은 것이었고 물과 산을 섞은 액체도 사
용되었다.

그런데 다른 종류의 액체를 이용한 온도계는 서로 눈금이
다르고 눈금 사이의 간격도 달랐기 때문에 각기 다른 온도계로
측정한 온도를 비교하기 위해서는 기준점이 필요했다. 1665년에
네덜란드의 크리스티안 하위헌스Christiaan Huygens는 물이 어는
점과 끓는점을 두 기준점으로 하는 온도계를 제안했다. 1668년
에는 프랑스의 조아킴 달렝세Joachim Dalense가 물이 어는점과 버

터가 녹는점을 두 기준점으로 하고, 그 사이를 10등분한 온도계를 제작했다. 조아킴 달랑세는 물과 질산을 3:1로 섞은 액체를 사용했다. 1701년에 영국의 아이작 뉴턴은 물이 어는점과 사람의 체온을 기준으로 하고, 그 사이를 12등분한 온도 체계를 제안하기도 했다.

1700년대 초에는 네덜란드의 물리학자로 전기를 저장하는 라이덴병을 발명하기도 했던 피터르 판 뮈스헨부르크가 금속의 팽창을 이용하여 높은 온도를 측정하는 온도계를 고안했다. 그러나 금속은 온도에 따른 길이 변화가 크지 않아 온도를 정밀하게 측정하는 데 어려움이 있었다.

1714년에 수은을 이용한 온도계를 처음 만든 사람은 독일의 물리학자이자 기상학자로 주로 영국과 네덜란드에서 활동했던 다니엘 파렌하이트였다. 파렌하이트는 1724년에 포화 소금 수용액이 어는 온도를 0도로 잡고 물이 어는 온도를 30도, 사람의 체온을 90도로 정한 온도 체계를 제안했다. 이 온도 체계는 이후 물의 어는점을 32도, 물의 끓는점을 212도로 하고, 그 사이를 180등분하는 것으로 약간 수정되었다. 이것이 화씨온도이다. 화씨온도에서 사람의 체온은 98.6도이다. 파렌하이트는 대기의 압력에 따라, 물이 어는점 이하에서도 얼지 않거나 끓는점 이상에서도 끓지 않을 수 있다는 사실을 발견하기도 했다.

1742년에는 스웨덴의 천문학자이자 기상학자였던 안데르스 셀시우스가 물의 끓는점과 어는점 사이를 100도로 나눈 수은 온도계를 만들었다. 셀시우스는 처음에 물의 끓는점을 0도로 하고 어는점을 100도로 정했지만, 이후 물의 어는점이 0도 끓는점이 100도로 바뀌었다. 이것이 오늘날 가장 널리 사용되는 섭씨온도이다.

절대온도는 열역학 법칙을 이용하여 정의되었다. 열역학은 17세기와 18세기에 기체의 부피가 압력과 온도에 따라 어떻게 달라지는지를 연구하면서 시작되었다. 모든 물체는 온도가 올라가면 부피가 팽창하고 온도가 내려가면 부피가 줄어든다. 고체나 액체는 온도에 따른 부피의 변화가 크지 않지만 기체는 온도에 따른 부피의 변화가 매우 크다. 쭈글쭈글하던 비치볼도 뜨거운 모래사장에 두면 탱탱해진다.

1787년에 처음으로 온도에 따른 기체의 부피 변화를 과학적으로 연구하여 그 결과를 발표한 사람은 프랑스의 물리학자 자크 알렉상드르 샤를Jacques Alexandre Charles이었다. 샤를은 기체의 부피가 온도에 비례한다는 것을 알아냈다. 다시 말해, 기체의 부피를 온도로 나눈 값은 항상 일정하다. 이것을 '샤를의 법칙Charles's law'이라고 하는데 식으로 나타내면 다음과 같다.

$$\frac{부피}{온도} = 일정$$

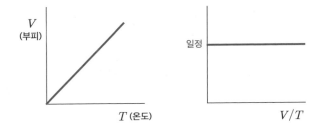

온도가 올라간다는 것은 기체를 이루고 있는 분자들의 열운동 에너지가 커진다는 것을 나타낸다. 분자들이 빠르게 운동하면 분자 하나하나가 벽에 충돌할 때 벽에 가하는 힘이 증가하고, 더 자주 벽에 부딪히게 된다. 이 두 가지 효과로 인해 온도가 두 배로 올라가면 내부의 압력이 두 배로 높아진다. 외부의 압력은 일정하게 유지되는데 내부의 압력이 두 배가 되면 부피가 두 배로 늘어나야 한다.

열과 관련된 현상을 연구하는 열역학에서는 이상기체의 행동을 주로 다룬다. 이상기체는 전체 기체의 부피에 비해 기체 분자가 차지하는 부피가 무시할 정도도 작고, 기체 분자들이 탄성 충돌 외의 다른 상호작용은 하지 않는다. 엄밀하게 따지면 이런 기체는 실제로 존재하지 않지만, 대부분의 기체는 이상기체와 비슷하게 행동하기 때문에 이상기체를 이용하여 유도한 이론을 실제 기체의 행동을 설명하고 예측하는 데 사용할 수 있다. 부피가 온도에 비례한다는 샤를의 법칙도 이상기체에서 성립하는 법칙이다.

샤를의 법칙은 절대온도를 도입하는 이론적 바탕이 되었다. 기체를 이용하여 다양한 실험을 한 19세기의 과학자들은 이상기체의 부피가 온도가 1℃ 오를 때마다 0℃ 때 부피의 약 273분의 1씩 증가하고, 온도가 1℃ 내려갈 때마다 약 273분의 1씩 감소한다는 것을 알아냈다. 이것은 온도가 내려가다 보면 부피가 0이 되는 온도가 있음을 뜻한다. 프랑스의 화학자이며 물리학자였던 조제프 루이 게이뤼삭은 1802년에 -273℃에서 이상기체의 부피가 0이 될 것이고, 이 온도가 자연이 도달할 수 있는 가장 낮은 온도라고 주장했다.

영국의 물리학자 윌리엄 톰슨(켈빈 경)은 1848년에 온도가 1℃ 오르거나 내려갈 때 이상기체의 부피가 0℃ 때 부피의 0.00366배씩 증가하거나 감소한다는 실험 결과를 이용하여 -273.22℃가 가장 낮은 온도라고 주장하고, 이 온도를 0도로 하는 새로운 온도 체계를 만들 것을 제안했다. 이렇게 해서 도입된 온도 체계가 절대온도이다. 일상생활에서는 섭씨온도와 화씨온도를 많이 쓰지만, 과학에서는 절대온도를 주로 사용한다.

섭씨온도, 화씨온도, 절대온도

국제단위체계에는 두 개의 온도 단위가 포함되어 있다. 하나는 섭씨온도이고, 다른 하나는 절대온도이다. 우리가 일상생활에서 사용하는 온도의 단위는 °C라는 기호를 이용해 나타내는 섭씨온도이다. 셀시우스는 해수면에서의 평균 대기압에서 물이 끓는 온도를 0도, 물이 어는 온도를 100도로 정하고, 그 사이를 100등분한 온도 체계를 제안했다.

1743년에 프랑스 리옹에서 활동하던 물리학자 장 피에르 크리스틴Jean Pierre Christin은 물이 어는 온도는 0도로 하고, 끓는 온도를 100도로 하는 새로운 온도계를 만들었다. 크리스틴이 단순히 셀시우스 온도계의 눈금만 바꾸었는지 아니면 독창적으로 온도계를 만들었는지에 대해서는 서로 다른 주장이 있어 확실하게 알 수 없다. 1744년 스웨덴의 식물학자였던 칼 폰 린네Carl von Linné도 어는 온도를 0도로 하고, 끓는 온도를 100도로 하는 온도계를 만들었다. 백분율 온도(센티 그레이드)라고 불리던 이 온도를 셀시우스(섭씨)라고 부르기로 결정한 것은 1948년 개최된 제9차 국제도량형총회에서였다.

1954년에 열린 국제도량형총회에서는 물의 삼중점 온도를 0.01°C로 결정했다. 이전에는 물이 어는 온도를 0°C, 끓는 온도를 100°C로 정하고, 이를 기준으로 삼중점의 온도를 측정해 결정했

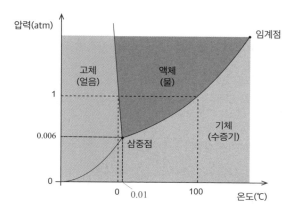

물의 삼중점은 물의 고체, 액체, 기체 상태가 공존하는 온도와
압력을 말한다. 물의 삼중점 온도는 온도 측정의 중요한 기준이다.

으므로 삼중점의 온도는 0.01℃에 아주 가깝지만 오차가 있는 값
이었다. 그러나 1954년에 삼중점의 온도가 0.01℃로 확정된 후
에는 물이 어는 온도와 끓는 온도를 측정을 통해 결정하게 되었
다. 새로운 기준으로 측정한 물의 어는 온도는 0℃에 아주 가까
운 값이었고, 끓는 온도는 100℃와 아주 가까운 99.9839℃였다.

　　우리나라를 비롯한 대부분의 나라에서는 섭씨온도를 표준
온도로 사용하고 있다. 하지만 미국과 일부 국가에서는 °F라는
기호로 표시하는 화씨온도를 표준 온도로 사용한다. 영국은
1962년부터 섭씨온도를 사용하고 있지만 아직도 일부에서는 화
씨온도를 쓴다. 0°F는 포화 소금물이 어는 온도이다. 섭씨온도로

기온을 나타내면 겨울에는 영하로 내려가고 여름에는 영상으로 올라가는 지역이 많지만, 화씨온도로는 극지방을 제외하고는 기온이 항상 영상으로 나타내져서 편리한 점도 있다.

섭씨온도와 화씨온도의 변환식은 다음과 같다.

$$섭씨온도(℃) = \frac{5}{9} \times (화씨온도(℉)-32)$$

$$화씨온도(℉) = \frac{9}{5} \times 섭씨온도(℃)+32$$

변환식이 간단한 정수를 더하거나 곱하는 것이 아니어서 대화를 하거나 책을 읽으면서 암산으로 쉽게 변환하기는 어렵다. 그러다 보니 화씨온도를 사용하는 미국과 같은 나라를 여행하거나 그 나라에서 출판된 책을 읽을 때는 온도 변환 때문에 어려움을 겪기도 한다. 그러나 미국에서도 과학 논문에는 절대온도만을 사용하고 있다.

우리나라에서는 섭씨온도와 화씨온도를 읽거나 말할 때 섭씨 0도, 화씨 32도처럼 섭씨나 화씨를 먼저 말하지만, 서양에서는 셀시우스와 파렌하이트를 숫자 뒤에 붙인다. 다시 말해 100℃와 212℉를 우리나라에서는 각각 섭씨 100도와 화씨 212도라고 읽지만, 서양에서는 100디그리 셀시우스degree celsius와 212디그리 파렌하이트degree fahrenheit라고 읽는다. 100℃는 100디그리 센티그레이드degree centigrade라고 읽는 경우도 많다.

어떤 온도인지를 말하지 않아도 알 수 있는 경우에는 섭씨나 화씨라는 말을 생략하고 그냥 도라는 단위만 쓰기도 한다. 섭씨와 절대온도의 차이인 273도보다 훨씬 큰 온도를 다루는 경우에도 절대온도와 섭씨온도를 구별하지 않고 그냥 도(°)라고 나타내기도 한다.

우리 생활과 밀접한 관계가 있는 몇몇 온도의 섭씨온도와 화씨온도는 대략 다음과 같다.

	섭씨온도(℃)	화씨온도(℉)
추운 날의 기온	-10	14
물이 어는 온도	0	32
봄의 평균 기온	20	68
여름의 평균 기온	30	86
사람의 체온	37	98.6
물이 끓는 온도	100	212

절대영도(0K)는 물체를 이루는 분자들이 최소의 에너지를 가지는 온도이다. 절대영도는 섭씨온도로는 -273.15℃이다. 따라서 0℃는 273.15K이 된다. 절대온도 1K의 간격은 섭씨온도 1℃의 간격과 같으므로, 섭씨온도에 273.15을 더하면 절대온도가 된다. 절대온도와 섭씨온도 사이의 변환식은 다음과 같다.

절대온도(K) = 섭씨온도(℃) + 273.15

소수점 아래의 온도가 별로 큰 의미가 없는 일상생활에서는 273.15 대신 273을 더해 섭씨온도를 절대온도로 바꾼다. 섭씨온도나 화씨온도의 단위에는 ℃나 ℉와 같이 도라고 읽는 ° 기호를 추가하여 표기하지만 절대온도는 그냥 K라고만 표시한다.

2018년에 열린 국제도량형총회에서는 절대온도를 온도와 분자의 열운동 에너지의 비율을 나타내는 볼츠만 상수를 이용해 새롭게 정의했다(2장 324쪽 참고). 2018년 이전에는 기체의 온도를 측정하고, 분자의 열운동 에너지를 측정하여 볼츠만 상수의 값을 결정했다. 측정 기술이 발전함에 따라 볼츠만 상수를 더 정밀하게 측정할 수 있게 되었지만, 아무리 정밀하게 측정해도 오차가 있기 때문에 볼츠만 상수는 $1.38064903(51) \times 10^{-23}$ J/K와 같이 나타냈다. 이 수에서 괄호 안에 있는 '51'은 측정오차를 나타냈다.

그러나 2018년에 볼츠만 상수를 1.380649×10^{-23} J/K으로 정하고, 분자의 에너지를 측정하여 절대온도를 알아내도록 했다. 따라서 볼츠만 상수는 오차가 없는 양이 되었고, 온도의 기준이었던 물의 삼중점 온도는 측정을 통해 결정하게 되었다. 새로운 정의에 의하면 물의 삼중점 온도는 273.1600 ± 0.0001K이다. 볼츠만 상수가 가지고 있던 오차가 삼중점 온도의 오차로 이전된 것이다. 새로운 정의에서도 물의 삼중점은 온도 측정의 중요한 기준이 되고 있다.

절대영도에서는 분자의 열운동 에너지가 0이 되어, 분자들의 열운동이 정지되어야 한다. 그러나 양자역학에 의하면 에너지는 최소 단위의 정수배의 에너지만 가지거나 주고받을 수 있다. 따라서 절대영도에서도 기체 분자들의 운동이 정지되는 것이 아니라 최소한의 에너지zero point energy, ZPE를 가지고 최소한의 운동을 하고 있다. 어떤 방법으로도 이 에너지를 다른 곳으로 이동시킬 수 없다.

절대온도에서 1켈빈 차이의 크기는 섭씨온도 1도 차이의 크기와 같기 때문에 켈빈으로 나타내는 절대온도는 섭씨온도와 관련 있는 절대온도라고 할 수 있다. 그렇다면 절대영도를 0으로 하고 한 눈금 간격을 화씨온도의 간격과 같도록 만든 온도 체계도 있을 수 있을 것이다. 이런 온도 체계를 랭킨온도라고 한다. 랭킨온도는 °R이라는 기호를 이용하여 나타낸다. 랭킨온도에서 절대영도는 0°R이고, 물이 어는 온도는 497.67°R이다. 랭킨온도도 절대온도의 하나라고 보고 °R이라는 기호 대신 그냥 R이라는 기호로 나타내기도 한다. 랭킨온도는 영국이나 미국의 특정 기술 분야에서 사용되고 있다.

과학과 관련된 문서에 자주 등장하는 온도의 절대온도와 섭씨온도는 대략 다음과 같다.

°C F K

	절대온도(K)	섭씨온도(℃)
절대영도	0	-273.15
우주배경복사	2.726	-270.424
물의 삼중점	273.16	0.01
사람의 체온	310.15	37
물의 끓는점	373.1339	99.9839
지구의 내핵	5700	5430
태양표면	5778	5505
태양의 핵	1600만	1600만

온도의 단위에 이름을 남긴 과학자들

다니엘 파렌하이트

화씨온도계를 처음 만든 다니엘 파렌하이트Daniel Fahrenheit는 폴란드의 단치히Danzig에서 태어나 네덜란드 암스테르담에서 무역과 관련한 공부를 했다. 하지만 과학 실험과 연구에 더 관심이 많았던 그는 1709년에 물을 이용한 온도계를 만들었고, 1714년에는 수은을 이용해 정밀하게 온도를 측정할 수 있는 온도계를 제작했다. 그는 순수한 수은을 얻는 방법을 알아내 수은이 유리관에 들러붙지 않게 할 수 있었다. 네덜란드 헤이그에서 유리 가공업을 하면서 기압계·고도계·온도계를 제작하는 일을 하던 그는 1717년에 독일어권 최초의 과학 학술지였던 《악타 에루디토룸

Acta Eruditorum》을 통해 새로운 온도 체계를 제안했다.

한때 암스테르담에서 화학 교사를 하기도 했던 파렌하이트는 1724년에 영국으로 건너가 왕립학회 회원이 되었고, 《철학회보》에 화씨온도 체계를 비롯해서 다양한 주제의 논문을 발표했다. 이 중에는 여러 액체들의 끓는점, 진공 중에서 물의 고체화 과정, 어는점보다 낮은 온도에서도 액체 상태의 물이 존재할 가능성과 같은 것들이 포함되어 있었다.

파렌하이트는 처음에는 포화 소금 수용액이 어는 온도를 0도로 하고, 물이 어는 온도를 30도로 정했다. 그렇게 하면 우리가 활동하는 상태의 온도를 모두 음수가 아닌 양수로 나타낼 수 있다. 이 온도계로 측정한 사람의 체온은 90도였다. 하지만 이후 물이 어는 온도가 32도, 사람의 체온이 96도가 되도록 바꾸었고, 다시 체온을 98.6도로 수정했다. 이것이 오늘날 사용되고 있는 화씨온도계이다. 현재 화씨온도로 물이 어는 온도는 32℉, 물이 끓는 온도는 212℉이다. 파렌하이트가 만든 온도계를 화씨온도계라고 부르는 것은 중국에서 파렌하이트를 화륜해특華倫海特이라고 표기했기 때문이다.

안데르스 셀시우스

오늘날 가장 널리 사용되는 섭씨온도계를 만든 안데르스 셀시우스Anders Celsius는 1701년 스웨덴에서 움살라 대학Uppsala Univer-

sitet 천문학 교수의 아들로 태어났다. 셀시우스 역시 웁살라 대학을 졸업하고 1730년에 웁살라 대학의 천문학 교수가 되었다. 여행을 좋아했던 그는 교수가 된 후 유럽 전역을 두루 여행하면서 여러 나라의 천문대를 방문하고 견문을 넓혔다. 또한, 북극 탐험대에 참가하여 북극의 오로라를 216번이나 관측하고, 오로라가 지구 자기장의 변화와 관계가 있다는 것을 밝혀내기도 했다.

1736년에는 위도 1도(°) 사이의 거리가 극지방과 적도 지방에서 어떻게 다른지를 측정하기 위해 프랑스 과학 아카데미에서 꾸린 탐사대의 일원으로 극지방을 탐사했다. 탐사대는 극지방에서의 위도 1도 사이의 거리가 적도 부근에서의 위도 1도 사이의 거리보다 짧다는 것을 확인했다. 이는 지구가 완전한 구가 아니라 적도반지름이 극반지름보다 긴 타원체라는 것을 의미했다. 지구의 자전 때문에 적도가 부풀어 올라 있을 것이라고 했던 아이작 뉴턴의 예측을 셀시우스의 탐사대가 측정을 통해 확인한 것이다. 셀시우스는 측정 결과를 모아 1738년에 「지구의 모양을 결정하기 위한 관측」이라는 제목의 논문으로 발표했다. 이러한 연구로 명성을 얻은 그는 정부의 재정 지원을 받아 웁살라 천문대를 설치하고 초대 천문대장을 지내기도 했다.

오늘날에는 천문학과 기상학이 분리되어 있지만, 18세기에는 천문학자들이 기후의 변화를 다루는 기상학도 연구했다. 천문학자였던 셀시우스도 기상을 관측해서 기록하는 일을 했다. 기상

관측을 하면서 정확한 온도 측정의 필요성을 느낀 그는 자연에서 일어나는 현상을 기준으로 하는 온도계를 만들기로 했다. 셀시우스가 선택한 것은 물의 끓는점과 어는점이었다. 그는 물이 끓는 온도를 0도로 하고, 물이 어는 온도를 100도로 하는 수은 온도계를 만들었다. 그가 42세에 폐결핵으로 세상을 떠나기 2년 전인 1742년의 일이었다. 셀시우스가 만든 온도체계를 섭씨온도라고 부르는 것은 중국에서 셀시우스를 섭이사攝爾思라고 표기했기 때문이다.

윌리엄 톰슨(켈빈 경)

절대온도를 나타내는 기호에 이름을 남긴 켈빈 경의 본명은 윌리엄 톰슨William Thomson이다. 하지만 1892년 남작 작위를 받은 후 켈빈이라는 이름으로 더 많이 알려지게 되었다. 1824년 아일랜드에서 태어난 켈빈은 10살이 되던 해에 글래스고 대학University of Glasgow에 입학하여 천문학, 화학, 열역학, 전자기학 등을 배웠다. 17살이던 1841년에는 케임브리지 대학의 피터하우스 칼리지에서 공부했으며, 파리에 있는 앙리 빅토르 르뇨Henri Victor Regnault의 물리 연구소에서 일하기도 했다.

1846년에 22세의 나이로 글래스고 대학의 물리학 교수가 된 켈빈은, 2년 후인 1848년에 열역학 지식을 기반으로 하는 절대온도의 개념을 제안했다. 1851년에는 그의 가장 중요한 업적

중 하나인 열역학 제2법칙을 제안했다.

1850년에 독일의 루돌프 클라우지우스는 열이 온도가 높은 곳에서 온도가 낮은 곳으로만 이동하는 것을 설명하기 위해, 열은 낮은 온도로만 흐른다는 것을 열역학 제2법칙으로 하자고 제안했다. 그러자 켈빈은 역학적 에너지는 100퍼센트 열로 전환할 수 있지만 열은 100퍼센트 역학적 에너지로 전환할 수 없다는 것도 열역학 제2법칙으로 하자고 제안했다. 이렇게 해서 열역학 제2법칙은 다음과 같이 두 가지 다른 표현으로 나타낼 수 있게 되었다. 이 두 표현은 서로 다른 내용을 이야기하고 있는 것 같지만 사실은 같은 내용이라는 것을 증명할 수 있다.

열역학 제2법칙

클라우지우스 열은 온도가 높은 곳에서 낮은 곳으로만 흐른다.
켈빈 열은 100퍼센트 역학적 에너지로 전환할 수 없다.

1851년에는 열역학 제2법칙을 제안한 것 외에, 일의 열당량 실험으로 유명한 제임스 줄과 함께 줄·톰슨 효과를 발견하기도 했다. 둘이 함께 진행한 실험을 바탕으로 켈빈은 이상기체가 아닌 실제 기체나 액체를 작은 관이나 구멍을 통해 압력이 높은 곳에서 낮은 곳으로 방출하면 온도가 내려간다는 것을 알아냈다. 이것이 줄·톰슨 효과이다. 줄·톰슨 효과는 냉장고나 에어컨의 작동원리이기도 하다.

윌리엄 톰슨. 작위를 받아 켈빈 남작 1세가 되면서 켈빈 경으로 더 잘 알려졌다.

켈빈은 1856년에 설립된 대서양 전신 회사가 추진한 대서양 횡단 케이블 부설 사업에 수학자로서 참여하기도 했다. 하지만 회사와 다른 견해를 제시했다가 해고되고, 무급 자문관으로 이 프로젝트에 참여했다. 1859년에는 영국 정부가 설치한 대서양 횡단 해저 케이블의 실패 조사 위원회 위원으로도 일했다.

1862년에는 용암 상태였던 지구가 식어서 현재 상태가 되는 시간을 계산하고, 지구의 나이가 2000만 년 내지 4억 년이라고 주장했다. 그는 지구 내부에서 방사성 원소의 붕괴로 열이 계속 공급되고 있다는 사실을 몰랐기 때문에 지구의 나이를 실제

°C°F K

보다 짧게 계산했던 것이다. 켈빈은 자신이 계산한 결과를 근거로 지구의 나이는 진화가 일어나기에는 너무 짧아 진화론은 옳은 이론이 될 수 없다고 주장하기도 했다.

1866년 켈빈은 대서양 횡단 전선 부설 공사에 기여한 공로로 기사 작위를 받았고, 왕립학회 회장으로 있던 1892년에는 남작으로 승격되었다. 그가 다니던 글래스고 대학 앞을 흐르던 강의 이름을 따라 켈빈 남작 1세가 된 것이다. 그의 남작 지위는 세습이 가능한 것이었지만 결혼을 하지 않아 자손이 없었기 때문에 켈빈 1대에서 단절되고 말았다. 켈빈은 1890년부터 1894년까지 왕립학회 회장을 지냈으며, 1904년에는 글래스고 대학 총장이 되었다. 1907년 세상을 떠난 그는 웨스트민스터 사원의 아이작 뉴턴 옆에 묻혔다.

Bq 베크렐

앙리 베크렐(1852~1908)

방사성 붕괴 횟수를 나타내는 단위.
프랑스 물리학자 앙리 베크렐의 이름을 땄다.
초당 방사성 붕괴 횟수를 나타내며, 1Bq은 1초(s)에
1회의 방사성 붕괴가 일어남을 뜻한다.
SI 유도단위이며, 시간의 역수 차원을 갖는다.

$$Bq = \frac{\text{방사성 붕괴 횟수}}{s} = s^{-1}$$

Gy 그레이

루이스 해럴드 그레이(1905~1965)

방사선 흡수선량의 단위.

영국의 물리학자 루이스 해럴드 그레이의 이름을 땄다.

단위 질량이 흡수하는 방사선 에너지의 크기를 나타내며, 1Gy는

1킬로그램(kg)의 질량이 1줄(J)의 방사선 에너지를 흡수하는 것을 뜻한다.

SI 유도단위로, 다른 식으로 표현하면 다음과 같다.

$$Gy = \frac{J}{kg} = \frac{m^2}{s^2}$$

Sv 시버트

Rolf Maximilian Sievert

롤프 막시밀리안 시베르트(1896~1966)

방사선 선량당량의 단위.

스웨덴의 물리학자 롤프 막시밀리안 시베르트의 이름을 땄다.

선량당량은 흡수선량에 방사선의 종류에 따라 정해져 있는

가중치를 곱한 값으로, 방사선의 실제 유해 정도를 나타낸다.

SI 유도단위이며, 차원은 그레이와 동일하다.

$$Sv = \frac{J}{kg} = \frac{m^2}{s^2}$$

원자핵에서 방출되는 방사선

원자는 중심의 원자핵과 원자핵 주위에 분포하는 전자로 이루어져 있다. 원자 안의 전자는 에너지를 흡수하면 들뜬상태excited state가 되었다가 원래의 상태로 돌아가면서 빛(복사선)을 내는데, 이것을 원소의 특성 스펙트럼이라고 한다. 이때 작은 원소의 원자들은 주로 가시광선이나 자외선을 내고, 큰 원소의 원자들은 엑스선X-ray을 낸다. 그러니까 가시광선부터 엑스선까지는 원자핵 주위에 있는 전자들이 내는 복사선이다. 금속 원자들이 내는 엑스선은 에너지가 커서 위험하기 때문에 의학적으로는 방사선으로 분류하기도 한다.

원자의 중심에 있는 원자핵은 크기는 작지만 원자 질량의 대부분을 차지하며, 원자핵을 이루고 있는 양성자와 중성자는 전자들보다 훨씬 큰 에너지 상태에 있다. 따라서 원자핵에서는 전자가 내는 복사선보다 훨씬 더 에너지가 큰 입자나 감마선γ-ray이 나온다. 원자핵에서 방출되는 에너지가 큰 입자나 감마선이 바로 방사선이다.

전자가 복사선을 내기 위해서는 에너지를 흡수해 들뜬상태가 되어야 하는 것처럼, 원자핵이 방사선을 내기 위해서도 불안정한 상태가 돼야 한다. 원자핵을 불안정하게 만드는 것은 주로 원자핵 안에 들어 있는 양성자와 중성자의 비율이다. 양성자와 중성자의 비율이 맞지 않아 불안정해진 원자핵은 입자(전자, 알파입자)나 감마선을 방출하고 안정한 상태로 돌아간다.

수소나 산소 그리고 질소와 같이 작은 원소에서는 양성자와 중성자의 수가 같을 때 안정한 원자핵이 되지만, 큰 원자핵에서는 중성자의 수가 양성자의 수보다 커야 안정한 상태가 된다. 과학자들은 모든 원자핵의 양성자 수와 중성자 수를 조사해 어떤 비율일 때 안정한 원자핵이 만들어지는지, 그리고 어떤 비율일 때는 불안정한 원자핵이 되는지, 또 어떤 범위를 벗어나면 원자핵이 아예 만들어지지 않는지를 알아냈다.

원자핵이 방사선을 내고 안정한 원자핵으로 바뀌는 것을 방사성 붕괴라고 하고, 방사선을 내는 원소를 방사성 원소, 또는 방사성 동위원소라고 한다. 방사성 붕괴는 한꺼번에 일어나는 것이 아니라 시간을 두고 일정한 비율로 일어난다. 방사성 원소의 반이 붕괴하는 데 걸리는 시간을 반감기半減期, half-life라고 한다. 반감기는 온도나 압력 같은 외부 조건의 영향을 받지 않고 원자핵의 종류에 따라서만 다른데, 수 밀리초(ms)밖에 안 되는 짧은 원자핵부터 수십억 년에 이르는 것까지 다양하다.

방사성 붕괴에는 세 종류가 있다.

먼저, 알파붕괴는 양성자 두 개와 중성자 두 개로 이루어진 알파 입자(헬륨 원자핵)가 방출되는 붕괴이다. 양성자의 수가 곧 원자번호이므로, 알파붕괴를 하면 원자번호가 2 줄어들고 원자량은 4 작아지면서 양성자와 중성자의 비율이 달라진다. 알파선은 방사선 중에서 가장 질량이 큰 입자들로 이루어져 있기 때문에 에너지가 같을 경우 다른 방사선보다 훨씬 더 위험하다.

원자핵에 들어 있는 양성자와 중성자의 비율을 바꾸는 또 다른 방법은 양성자가 중성자로, 또는 중성자가 양성자로 바뀌는 방법이다. 중성자가 양성자로 바뀔 때는 전자와 반중성미자가 나오고(양의 베타붕괴), 양성자가 중성자로 바뀔 때는 양전자와 중성미자가 나온다(음의 베타붕괴). 이렇게 양성자나 중성자가 바뀌면서 전자나 양전자를 방출하는 것을 베타붕괴라고 한다. 양의 베타붕괴(β^+)가 일어나면 원자번호가 1 증가하고, 음의 베타붕괴(β^-)가 일어나면 원자번호가 1 감소한다.

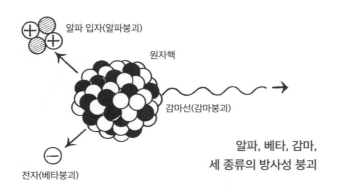

알파 입자(알파붕괴)

원자핵

감마선(감마붕괴)

**알파, 베타, 감마,
세 종류의 방사성 붕괴**

전자(베타붕괴)

β^+붕괴: 중성자 → 양성자 + 전자 + 반중성미자

β^-붕괴: 양성자 → 중성자 + 양전자 + 중성미자

마지막은, 감마선γ-ray을 방출하는 감마붕괴다. 마치 원자핵 주위를 돌고 있는 전자가 한 에너지 상태에서 다른 에너지 상태로 바뀌면서 전자기파를 방출하는 것과 마찬가지로, 원자핵이 감마선을 흡수하면 들뜬상태가 되고 들뜬상태에 있는 원자핵이 감마선을 방출하면 안정한 원자핵이 된다. 감마붕괴 때는 원자핵을 이루고 있는 입자들의 에너지 상태만 달라지기 때문에 원자번호나 원자량이 변하지 않는다.

세 종류의 방사선 외에 중성자의 흐름도 방사선으로 취급한다. 원자핵에 알파입자를 충돌시키거나 우라늄 원자핵의 분열과 같이 인공적으로 원자핵을 변환시킬 때는 양성자나 중성자가 방출되기도 하는데, 이런 양성자나 중성자도 방사선이다. 원자핵 연구 초기에는 원자핵에 알파입자를 충돌시키는 실험을 주로 했지만 후에는 원자핵 변환 연구에 중성자도 사용했다. 중성자는 전하를 띠고 있지 않아 쉽게 원자핵에 다가갈 수 있기 때문에 효과적으로 원자핵을 다른 원자핵으로 전환하거나 큰 원자핵을 작은 원자핵들로 분열시킬 수 있다.

방사선은 크기와 에너지가 달라 물체를 투과하는 능력과 생명체에 끼치는 영향이 다르다. 헬륨 원자핵으로 이루어진 알파선

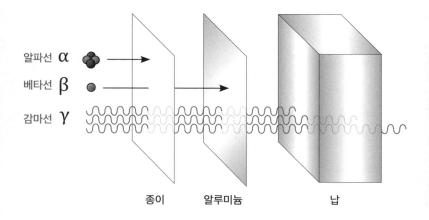

알파선 α

베타선 β

감마선 γ

종이   알루미늄   납

세 가지 방사선의 투과력 비교

Bq Gy Sv

은 큰 에너지를 가지고 있어 파괴력이 크지만 투과력이 약해 얇은 종이로도 차단할 수 있다. 전자의 흐름인 베타선은 종이는 잘 통과하지만 얇은 알루미늄 판은 통과하지 못한다. 방사선 중에서 투과력이 가장 강한 감마선을 차단하려면 50센티미터 두께의 콘크리트 벽이나 10센티미터 두께의 납판을 사용해야 한다.

방사성 동위원소는 특수한 물질 안에만 들어 있는 것으로 생각하기 쉽지만 우리 주위에 있는 물질에도 방사성 동위원소가 포함되어 있다. 우리가 매일 먹는 과일이나 채소에도 반감기가 10억 년인 포타슘-40(K-40)이 포함되어 있다. 예를 들어 바나나 한 개에서는 매초 약 15개 정도의 포타슘-40이 붕괴하면서 베타선을 방출한다. 우리 몸을 이루고 있는 물질에서도 매초 수천 개의 포타슘-40이 붕괴하고 있다. 이런 방사선도 몸속의 DNA를 손상시킬 수 있지만 우리 몸은 손상된 DNA를 수선할 수 있는 기능이 있기 때문에 큰 문제가 되지는 않는다.

지구 내부에도 많은 양의 방사성 동위원소가 들어 있다. 지구 내부를 높은 온도로 유지하는 열의 일부는 지구가 형성될 때 천체들 사이의 충돌로 발생한 열이 남아 있는 것이고, 일부는 지구 내부에 있는 방사성 동위원소가 붕괴할 때 발생하는 열이다. 지구 내부를 높은 온도로 유지하는 방사성 동위원소는 반감기가 약 10억 년인 포타슘-40, 반감기가 약 45억 년인 우라늄-238, 반감기가 약 7억 년인 우라늄-235, 그리고 반감기가 약 140억 년인 토륨-232 등이다.

방사선과 관련된 단위들

방사선의 세기를 측정하는 단위에는 세 가지가 있다.

베크렐becquerel(Bq)은 방사성 붕괴의 종류를 따지지 않고 붕괴 횟수만을 나타내는 단위이다. 베크렐(Bq)은 우라늄에서 방사선 현상을 처음으로 발견한 프랑스의 물리학자 앙리 베크렐의 이름에서 왔다. SI 유도단위인 베크렐은 1초에 방사성 붕괴가 몇 번 일어나는지를 나타낸다. 방사성 붕괴의 횟수를 나타내는 단위에는 퀴리curie(Ci)와 러더퍼드rutherford(Rd)라는 단위가 사용되기도 했다. 방사선을 연구하여 1898년에 방사성 동위원소인 라듐과 폴로늄을 발견한 마리 퀴리Marie Curie의 이름에서 따온 퀴리(Ci)는, 1그램의 라듐-226이 1초 동안에 붕괴하는 수를 나타낸다. 1퀴리는 3.7×10^{10}베크렐에 해당한다. 원자핵을 발견한 영국의 물리학자 어니스트 러더퍼드Ernest Rutherford의 이름을 따서 명명된 1러더퍼드(Rd)는 1초에 100만 번의 방사성 붕괴가 일어나는 것을 나타낸다. 그러므로 1러더퍼드는 100만 베크렐이다. 퀴리와 러더퍼드는 SI 단위에 포함되지 않는다.

그레이gray(Gy)는 단위 질량이 흡수하는 방사선 에너지의 크기를 나타내는 단위이다. 단위의 명칭은 방사선이 생명체에 끼치는 영향을 집중적으로 연구한 영국의 물리학자 루이스 해럴드 그레이의 이름에서 왔다. 1그레이(Gy)는 1킬로그램의 질량이 1줄(J)의 방사선 에너지를 흡수하는 것을 나타낸다. 그러나 같은 에너지를 가지고 있는 경우에도 방사선의 종류에 따라 몸에 미치는 영향이 다르다. 따라서 우리 몸이 받는 에너지의 양을 나타내는 그레이만 가지고는 방사선의 유해 정도를 알기 어렵다.

방사선이 인체에 끼치는 영향을 고려한 선량당량은 **시버트** sievert(Sv)라는 단위를 이용하여 나타낸다. 시버트(Sv)는 스웨덴의 물리학자 롤프 막시밀리안 시베르트의 영어식 이름을 딴 것으로, 이온화 방사선의 생물학적 효과 연구에 기여한 시베르트의 업적을 기리는 의미로 1979년에 열린 국제도량형총회에서 명명되었다. 시버트(Sv)는 흡수한 에너지를 나타내는 그레이(Gy)에 방사선의 종류에 따라 정해져 있는 가중치를 곱한 값이다. 알파입자의 가중치는 20이고, 감마선이나 엑스선 그리고 전자의 가중치는 1이며, 양성자의 가중치는 2이다. 이것은 같은 에너지를 흡수하더라도 알파입자가 감마선이나 엑스선보다 20배, 그리고 양성자보다 10배 더 위험하다는 것을 나타낸다. 중성자의 가중치는 중성자가 가지고 있는 에너지에 따라 달라서 2.5에서 20 사이이다. 큰 에너지를 가지고 있는 중성자는 알파입자만큼 위험하다는 것을 알 수 있다.

방사선은 전체 피폭량도 중요하지만 피폭이 얼마나 짧은 시간에 집중되었는지도 중요하다. 피폭량이 같아도 짧은 시간에 집중적으로 피폭되었다면 그만큼 더 위험하기 때문이다. 그래서 방사선의 유해 정도를 나타낼 때는 선량당량을 방사선에 노출된 시간으로 나눈 시간당 시버트(Sv/s)로 표시하기도 한다.

우리나라 원자력법 시행령에 따르면 자연 방사선과 의료용 방사선을 제외한 연간 인공 방사선 피폭 한도는 1밀리시버트(mSv)이고, 원자력 발전 시설 종사자의 연간 피폭 한도는 50밀리시버트이다. 엑스선 촬영을 한 번 할 때 피폭량은 0.3~0.6밀리시버트 정도이며, CT 검사를 하는 경우 피폭량은 검사 부위나 검사 방법, 장비의 종류에 따라 다르지만 대개 6~7밀리시버트 정도이다. 이것은 연간 인공 방사선 피폭 한도보다 훨씬 높은 양이다. 따라서 병원에서는 검사의 이익과 피폭으로 인한 위험성을 비교해 검사의 이익이 클 때만 이런 검사를 받도록 하고 있다.

연간 피폭량이 250밀리시버트를 넘어서면 임파구가 일시적으로 감소되고, 500밀리시버트 이상이면 백혈구의 수가 감소하며, 6000밀리시버트 이상이면 인지 장애, 3만 밀리시버트 이상이면 발작과 경련 그리고 사망에 이르는 것으로 보고되었다. 그러나 피폭량이 적은 경우에도 짧은 시간 동안에 집중적으로 피폭되면 큰 손상을 입을 수 있다. 인체가 피폭으로 인한 손상을 회복하는 데 시간이 필요하기 때문이다.

사람이 살아가면서 1년 동안 자연환경으로부터 받는 방사

Bq Gy Sv

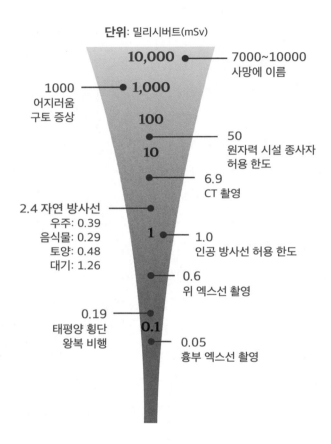

단위: 밀리시버트(mSv)

10,000 ● — 7000~10000
사망에 이름

1000 — ● **1,000**
어지러움
구토 증상

100

● — 50
원자력 시설 종사자
허용 한도

10

● — 6.9
CT 촬영

2.4 자연 방사선 — ●
우주: 0.39
음식물: 0.29
토양: 0.48
대기: 1.26

1 ● — 1.0
인공 방사선 허용 한도

● — 0.6
위 엑스선 촬영

0.19 — ●
태평양 횡단
왕복 비행

0.1

● — 0.05
흉부 엑스선 촬영

일상생활에서 받는 방사선량과
피폭 허용 한도

선의 양은 2.4밀리시버트 정도이다. 이는 인공 방사선 허용량인 1밀리시버트의 2.4배나 되는 양이다. 자연에서 받는 방사선의 근원은 대기(1.26mSv), 음식과 물(0.29mSv), 암석과 토양(0.48mSv), 우주 공간(0.39mSv)이다. 우주 공간에서 지구 대기로 들어오는 방사선을 우주 복사선cosmic ray이라고도 한다.

자연환경으로부터 받는 방사선 중에는 대기에서 방출되는 방사선이 전체의 약 50퍼센트에 이른다. 대기 중에 포함된 라돈 기체가 많은 방사선을 내기 때문이다. 대기 중 라돈의 양은 지하 암석의 성분, 날씨, 건축 재료, 건물의 구조와 환기 상태에 따라 달라진다. 라돈 기체는 암석에 포함된 우라늄과 토륨이 붕괴하는 과정에서 생성된 라듐이 붕괴하여 만들어진다. 라돈 기체는 단일 피폭원으로서는 가장 큰 비율을 차지하고 있으며, 흡연 다음으로 위험도가 높은 폐암 발생 원인 물질이다.

방사선 관련 단위에 이름을 남긴 과학자들

앙리 베크렐

방사성 붕괴 횟수를 나타내는 단위에 이름을 남긴 앙리 베크렐 Henri Becquerel은 프랑스 파리에서 태어났다. 그의 집안은 많은 과학자를 배출한 과학자 집안이었다. 그는 명문 기숙학교인 루이르 그랑 리세Lycée Louis-le-Grand에서 교육을 받고, 에콜 폴리테크

Bq Gy Sv

니크에서 과학과 공학을 공부했다. 대학을 졸업한 후에는 한동안 엔지니어로 일하다가 1876년 에콜 폴리테크니크의 조교수가 되었고, 1895년에는 아버지의 자리를 이어받아 물리학 교수가 되었다.

1895년에 독일의 빌헬름 뢴트겐Wilhelm Conrad Röntgen은 투과성이 큰 엑스선을 발견했다. 이것을 알게 된 베크렐은 우라늄 화합물과 같이 인광을 내는 물질에 빛을 쪼이면 엑스선처럼 투과성이 강한 인광이 나올지 모른다는 생각을 하게 되었다. 물질에 빛을 쪼인 뒤 빛을 제거했을 때 물질이 내는 빛을 인광燐光, phosphorescence이라고 한다. 이것을 인광이라고 부르는 것은 인(원소기호 P)에서 이런 현상을 처음 관측했기 때문이다. 밤에도 빛을 내는 야광 도로 표지판이나 야광시계의 문자판은 인광을 내는 물질로 만든다.

베크렐은 우라늄 화합물에 태양 빛을 쪼인 뒤, 우라늄 화합물과 사진 감광지 사이에 금속 조각을 끼운 다음 빛이 들어가지 못하도록 두꺼운 종이로 싸 두었다. 얼마 후 두꺼운 종이로 싸여 있던 감광지를 현상하자 우라늄 화합물의 형상이 나타났고, 우라늄 화합물과 감광지 사이에 끼워 놓은 금속 조각의 모양도 나타났다. 베크렐은 빛을 쪼인 우라늄 화합물에서 두꺼운 종이는 투과하지만 금속은 통과하지 못하는 엑스선이 나오는 것이 틀림없다고 생각하고, 1896년 2월에 프랑스 과학 아카데미에서 이러한

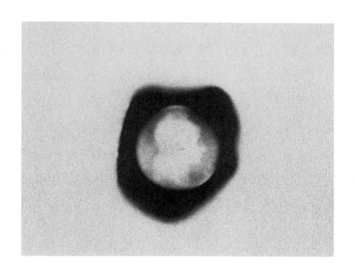

베크렐이 실험으로 얻은 우라늄
화합물의 방사능 사진 원본.

내용을 발표했다.

베크렐은 이 현상을 보다 자세하게 관측하기 위해 몇 가지 실험을 더 준비했지만 날씨가 좋지 않아 제대로 된 실험을 할 수 없었다. 그는 두꺼운 종이에 싼 감광지를 우라늄 화합물과 함께 어두운 서랍에 넣어 두고 기다렸으나 며칠 동안 계속 날씨가 좋지 않자 그대로 감광지를 현상해 보았다. 우라늄에 빛을 쪼여 주지 않아 매우 흐릿한 영상이 나타날 것이라고 생각했으나 예상과는 달리 감광지에는 선명한 영상이 나타나 있었다. 그것은 우라늄에서 나오는 복사선이 외부에서 쪼여 준 빛과 관계가 없다는 뜻이었다. 베크렐은 이 실험 결과를 1896년 3월에 발표했다.

우라늄을 이용한 여러 가지 실험을 한 베크렐은 1896년 5월에 투과성이 강한 이 복사선이 외부에서 쪼여 준 빛과는 관계없이 우라늄 원소에서 나온다고 결론지었다. 후에 이 복사선은 방사선이라고 부르게 되었다. 베크렐은 방사선을 발견한 공로로 1902년에 퀴리 부부와 함께 노벨 물리학상을 수상했다.

루이스 해럴드 그레이

방사선의 흡수선량을 나타내는 단위에 이름을 남긴 루이스 해럴드 그레이Louis Harold Gray는 1905년 영국 런던 외곽에서 태어났다. 그의 아버지는 우체국에서 전신 교환원으로 일하는 하층 노동자였지만 수학을 잘했다. 아버지는 어린 그레이에게 수학 문제를 내곤 했고, 그레이는 아버지가 내는 문제를 모두 풀어냈다.

그는 케임브리지 대학교 트리니티 칼리지를 우수한 성적으로 졸업하고 1929년에 캐번디시 연구소Cavendish Laboratory의 연구원이 되어 제임스 채드윅James Chadwick의 지도 아래 핵물리학 연구로 박사학위를 받았다. 제임스 채드윅은 중성자를 발견하여 1935년에 노벨 물리학상을 수상하게 된다.

28세이던 1933년에 런던에 있는 마운트 버논 병원Mount Vernon Hospital의 물리학자가 된 그레이는 방사선이 생명체에 끼치는 영향을 집중적으로 연구하기 시작했다. 그는 질량 1킬로그램이 흡수하는 방사선 에너지의 크기를 방사선 흡수선량의 단위로 정의했는데, 후에 이 단위의 명칭이 그레이(Gy)로 정해졌다.

1937년에는 마운트 버논 병원에 중성자 발생기를 세우고, 발생기를 이용해 중성자가 생명체에 미치는 영향을 연구했다. 1953년에는 마운트 버논 병원에 그레이 연구소가 설립되었다.

롤프 막시밀리안 시베르트

방사선의 선량당량을 나타내는 단위에 이름을 남긴 롤프 막시밀리안 시베르트Rolf Maximilian Sievert는 1896년 스웨덴의 스톡홀름에서 태어났다. 웁살라 대학을 졸업하고 스톡홀름 대학에서 박사학위를 받은 시베르트는 1924년부터 1937년까지 비수술적 암 치료법을 연구하던 라듐헤멧Radiumhemmet 연구소의 물리학

실험실 책임자로 일했다. 1937년부터는 카롤린스카 연구소Karo-
linska Institutet의 방사선 물리학과 과장으로 근무했다. 그는 암을
진단하거나 치료할 때 몸에 흡수되는 방사선의 유해성을 연구한
선구자였다. 말년에는 우리 몸이 저선량 방사선에 반복적으로 노
출되었을 때 받는 영향을 집중적으로 연구했다.

1928년에 시베르트는 국제 엑스선 및 라듐 방호 협회(IXRPC,
International X-ray and Radium Protection Committee. 현재는 ICRP, In-
ternational Commission on Radiological Protection)를 설립하고 초대 회
장을 역임했으며, 유엔 원자 방사선 과학 위원회(UNSCEAR)의
회장을 맡기도 했다. 시베르트 챔버Sievert chamber라고 불리는 방
사선 측정기도 개발했다.

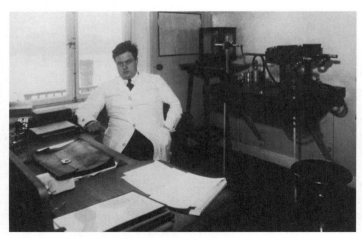

1925년 라듐헤멧 연구소에서 근무하던 당시의 롤프 막시밀리안 시베르트.

2장

자연 속 상수를
찾아서

국제단위계의 기준, 일곱 가지 정의 상수

측정 결과를 공유하기 위해서는 공통적인 단위를 사용해야 한다. 하지만 단위의 기준을 선택하는 것은 임의적이다. 서로 합의만 하면 어떤 것도 단위로 사용할 수 있다. 금속 막대를 하나 만들어 놓고 길이나 무게의 단위로 해도 문제 될 것이 없다. 실제로 현대적인 단위 체계를 만들기 시작하던 19세기에는 그렇게 했다.

그러나 과학과 기술이 발전하면서 측정이 더욱 정밀해지자, 세계 곳곳에 있는 실험실에서 언제든 실험을 통해 재현이 가능한 단위 기준이 필요해졌다. 이러한 요구를 충족시키기 위해 처음에 인위적으로 정했던 기준들을 점차 자연현상을 이용하여 결정할 수 있는 기준으로 바꾸어 왔다. 1967년에는 시간의 단위 초를, 1979년에는 광도의 단위 칸델라를, 1983년에는 길이의 단위 미터를 자연현상과 관련 있는 상수를 기준으로 재정의했다. 그러나 질량의 단위인 킬로그램은 2018년까지도 인위적으로 만든 킬로그램원기를 기준으로 삼았다. 킬로그램원기를 버리고 자연현상을 바탕으로 한 질량의 기준을 정하는 문제는 오랫동안 과학자들의 숙제였다.

마침내 2018년 킬로그램원기를 대신할 질량의 기준이 마련되었다. 에너지의 최소 단위를 나타내는 플랑크 상수를 이용해 킬로그램을 새롭게 정의하게 된 것이다. 2018년 11월 13일부터 16일까지 개최된 제26회 국제도량형총회에서는 국제단위계의 일곱 가지 기본단위 모두를 자연의 성질을 나타내는 일곱 가지 상수를 바탕으로 새롭게 정의하고, 2019년 5월 20일부터 적용하도록 했다. 질량을 포함한 모든 단위가 자연의 기본적인 성질을 기준으로 삼게 되면서 측정의 정밀성과 실험을 통한 재현성이 향상되었다.

일곱 가지 상수는 세슘-133의 바닥상태에서의 초미세 전이 진동수(Δv_{Cs}), 진공에서의 빛의 속력(c), 기본 전하(e), 단색광의 시감효능(K_{cd}), 그리고 과학자의 이름을 따서 명명된 플랑크 상수(h), 볼츠만 상수(k), 아보가드로수(N_A)이다. 이들 일곱 가지 상수의 물리학적 의미는 모두 다르다. 플랑크 상수와 빛의 속력 그리고 기본 전하인 전자의 전하는 우리가 살아가고 있는 우주의 성질을 나타내는 기본적인 상수여서 '기본상수fundamental constant' 혹은 '우주 상수universal constant'라고 불리기도 한다. 그런가 하면, 아보가드로수와 볼츠만 상수는 비례계수로서 과학적으로 정의된 상수이고, 세슘-133이 내는 전자기파의 진동수는 수많은 전자기파 중에서 하나를 선택한 것이며, 시감효능은 인간의 시각을 기준으로 하여 인위적으로 정한 값이다. 따라서 우리와 다른 시각기관을 가진 외계인이 있다면 그들은 시감효능을 전혀 다른 값으로 정할 것이다.

이처럼 그 의미는 서로 다르지만, 일곱 가지 정의 상수는 한 가지

공통점이 있다. 그것은 적절한 장비를 갖추고 있는 실험실에서라면 누구나 실험을 통해 측정이 가능하다는 것이다. 다른 단위들이 자연현상을 기준으로 새롭게 정의되는 동안에도 질량의 단위만은 킬로그램원기라는 인위적인 기준을 사용했던 것은 자연현상으로부터 킬로그램을 측정할 수 있는 방법이 없었기 때문이다. 그러다 키블 저울Kibble balance의 개발로 플랑크 상수로부터 킬로그램을 측정하는 것이 가능해지면서, 비로소 모든 기본단위를 물리 상수를 기반으로 새롭게 정의하기에 이르렀다. 또한, 새로운 정의에 따라서 2019년 이전까지는 측정오차가 있던 일곱 가지 상수는 오차 없는 상수가 되었고, 그동안 단위의 기준으로 사용되던 물리량들은 측정을 통해 그 값을 결정해야 하는 양이 되었다.

이 장에서는 일곱 가지 정의 상수의 물리학적 의미와 함께 국제단위계의 일곱 가지 기본단위가 어떻게 일곱 가지 상수로 정의되는지 알아보고, 각각의 상수와 관련 있는 과학자의 삶과 업적을 살펴보려고 한다. 단위 체계는 물론이고 물리학과 자연현상의 기초를 이루고 있는 이들 상수의 의미를 이해하는 일은 자연과 우리 우주를 이해하는 데 큰 도움을 줄 것이다.

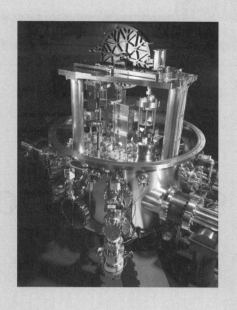

키블 저울. 자기장에 수직으로 놓인 도선에 전류가
흐를 때 도선에 작용하는 전자기력의 크기를 중력과
비교하여 물체의 질량을 측정한다. 와트 저울로
불렸으나 발명자인 영국의 물리학자 브라이언
키블(Bryan Peter Kibble, 1938~2016)을 기리기
위해 2016년부터 키블 저울로 부른다.

세슘-133
초미세 전이 진동수

frequency of caesium-133

9,192,631,770

시간 1초를 정의하는 데 사용되는 상수.
원자번호 55인 세슘(원소기호: Cs)의 동위원소 중 유일하게
안정한 세슘-133이 바닥상태에서 내는 초미세 전이 복사선의
진동수는 9,192,631,770헤르츠(Hz=s⁻¹)로 확정되었고,
이에 따라 1초(s)는 이 복사선이 91억 9263만 1770번 진동하는 데
걸리는 시간으로 정의되었다.

시간 측정의 역사

갈릴레오 갈릴레이는 피사 대학에서 의학을 공부하고 있던 1581년에 성당 천장에 매달려 있는 샹들리에가 크게 흔들리든 작게 흔들리든 한 번 흔들리는 데 걸리는 시간이 같다는 것을 발견했다. 이것이 진자의 등시성等時性이다. 진자의 등시성은 시간 측정의 기본이 되는 자연현상이다. 후에 역학적 분석을 통해 진자의 주기는 진자의 길이와 중력에 의해서만 달라지고 진폭과는 관계가 없다는 것이 밝혀졌다. 갈릴레이는 말년에 진자의 등시성에 기초하여 진자시계를 설계했지만 실제로 만들지는 않았다. 1656년에 처음으로 제대로 작동하는 진자시계를 만든 사람은 그의 아들 빈첸초 갈릴레이Vincenzio Galilei와 진자시계에 대한 아이디어를 교류했던 네덜란드의 크리스티안 하위헌스였다.

초기의 진자시계는 하루에 15분 정도의 오차가 있었지만 17세기 말에 만들어진 것은 오차가 15초 정도로 줄었다. 스무 살이던 1713년부터 시계를 만들어 온 영국의 목수이자 시계 제작자 존 해리슨John Harrison은 1750~1760년경 하루에 오차가 3초밖에 나지 않는 진자시계를 만들었다. 1921년에는 영국의 철도 엔지니어였던 윌리엄 해밀턴 쇼트William Hamilton Short가 1년에

오차가 1초 정도인 진자시계를 만들었다. 쇼트가 만든 시계는 천문대의 표준 시계로 사용되었다.

진자시계보다 훨씬 정밀도가 향상된 수정시계crystal clock가 처음 만들어진 것은 1927년이었다. 캐나다 출신으로 미국의 벨 연구소에서 일하고 있던 워런 매리슨Warren Marison은 동료였던 J. W. 호턴J. W. Horton과 함께 이산화규소(석영) 결정crystal의 압전壓電 현상을 이용하여 시간을 측정하는 수정시계를 만들었다. 압전 현상은 물체에 압력을 가해 변형시키면 전하를 띠게 되는 것으로, 압전 현상을 나타내는 물체에 전압을 걸면 물체가 특정한 진동수로 진동한다. 수정시계는 적절한 크기로 잘라 낸 석영 quartz 결정에 전압을 걸었을 때 생기는 진동을 이용하여 시간을 측정한다. 그래서 쿼츠시계quartz clock라고도 한다. 수정시계의 오차는 1년에 3초 정도로 윌리엄 해밀턴 쇼트가 만든 진자시계의 오차보다 약간 나은 정도였지만, 중력이나 외부 진동과 같은 외부 환경의 영향을 받지 않고 관리 비용이 적게 들었으므로 표준 시계로 채택되었다. 수정시계는 1960년대 초까지 표준 시계로 쓰였다.

한편, 시간을 측정하는 시계 제작 기술은 크게 발전했지만 시간의 단위인 초에 대한 정의는 수세기 동안 변하지 않고 있었다. 1960년까지도 1초는 지구 자전 주기의 8만 6400분의 1로 정의되었다. 그러나 지구의 자전 속도가 일정하지 않아 이러한 정의는 과학과 기술에서 요구하는 정밀도를 만족시킬 수 없다는 것을 알게 되었다. 이에 따라 1960년에 개최된 제11차 국제도량형총회에서는 지구의 자전 주기가 아니라 공전 주기를 바탕으로 하여 1초를 새롭게 정의했다. 이때 정의한 1초는 1태양년의 3억 1559만 6925.9747분의 1이었다. 그러나 태양년도 조금씩 변해가기 때문에 1초는 1900년의 태양년을 기준했다.

원자시계

20세기 초에 성립된 양자역학을 통해 원자의 세계를 이해하게 된 과학자들은 원자가 내는 스펙트럼을 이용하여 시간을 측정하는 원자시계atomic clock를 개발했다. 원자시계의 등장은 시간 측정을 더욱 정밀하게 만들었을 뿐만 아니라 1초를 새롭게 정의하는 계기가 되었다.

원자시계의 작동 원리를 이해하기 위해서는 먼저 원자의 구조를 알아야 한다. 양자역학에 의하면 원자핵 주위를 돌고 있는 전자들은 연속된 에너지를 가질 수 있는 것이 아니라 띄엄띄엄한 에너지만 가질 수 있다. 원자핵 속에서 전자가 가질 수 있는 띄엄띄엄한 에너지값들을 나타내는 말이 에너지 준위energy level다. 전자는 낮은 에너지 준위와 높은 에너지 준위를 오갈 수 있는데, 두 에너지 준위의 차이와 같은 에너지를 갖는 광자photon를

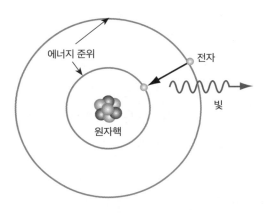

에너지 준위

전자

원자핵

빛

원자의 구조. 전자가 높은 에너지 준위에서 낮은
에너지 준위로 전이할 때 복사선을 방출한다.

흡수하면 낮은 에너지 준위에서 높은 에너지 준위로 전이transi-
tion한다. 반대로, 높은 에너지 준위에서 낮은 에너지 준위로 전
이할 때는 두 에너지 준위의 차와 같은 에너지를 갖는 광자(복사
선)를 방출한다. 그런데 원소마다 에너지 준위의 구조가 다르기
때문에 원소들이 내는 복사선의 스펙트럼도 다르다. 원소의 고유
한 스펙트럼을 특성 스펙트럼이라고 한다. 1860년대에 독일의
분젠Robert Wilhelm Bunsen과 키르히호프Gustav Robert Kirchhoff는
분젠 버너를 이용한 불꽃 반응을 통해 원소들이 내는 특성 스펙
트럼의 목록을 만들고, 이를 이용해 새로운 원소를 발견했다.

영국의 물리학자 제임스 클러크 맥스웰은 1873년에 특정한

빛의 진동수를 시간의 기준으로 삼는 편이 지구의 운동을 기준으로 하는 것보다 정확할 것이라고 주장했다. 1930년대에는 미국 물리학자로 현재 의학 진단 장비로 널리 사용되고 있는 자기공명영상(MRI, magnetic resonance imaging)의 원리인 핵자기 공명(NMR, nuclear magnetic resonance) 현상을 발견한 이지도어 라비 Isidor Rabi가 핵자기 공명에 사용되는 마이크로파를 이용하여 원자시계를 만들었다. 1949년에는 암모니아가 내는 복사선의 진동수를 이용한 원자시계가 만들어졌다. 그리고 1955년에는 영국의 국립물리학연구소(NPL, National Physical Laboratory)에서 루이스 에센Louis Essen과 잭 패리Jack Parry가 세슘 원자가 내는 복사선의 진동수를 이용하여 실용적으로 사용할 수 있는 정확한 원자시계를

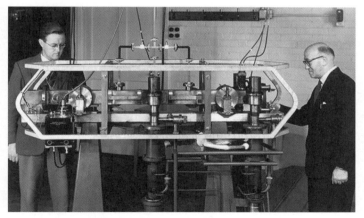

1955년 루이스 에센(우)과 잭 패리(좌)가 최초로 만든 세슘 원자시계.

만들었다. 1956년 이후에는 좀 더 정확한 원자시계를 만들기 위한 연구가 여러 나라에서 진행되었다. 그 결과 1960년 이전에 50개 이상의 원자시계가 제작되었다.

원자시계 제작 기술이 발전하면서 시계가 더 정확해졌을 뿐만 아니라 크기도 작아져 소모 전력이 줄고, 가격도 싸졌다. 2004년에는 소모 전력이 125밀리와트(mW)밖에 안 되는 쌀알 크기의 원자시계가 만들어졌으며, 2011년부터는 원자시계가 상업용으로 판매되기 시작했다. 시중에는 소모 전력이 30밀리와트 이하인 원자시계도 판매되고 있다.

세슘-133이 바닥상태ground state(가장 낮은 에너지 준위)에서 내는 초미세 전이 복사선의 진동수를 이용하는 원자시계 외에, 수소가 내는 진동수가 1233조 307억 659만 3514헤르츠인 복사선이나 루비듐이 내는 진동수가 68억 3468만 2610.9043126헤르츠인 복사선의 진동수를 이용하는 원자시계도 개발되어 있다. 수소나 루비듐을 이용하는 원자시계는 장기 안정성에서 세슘 원자시계보다 떨어지지만 단기 안정성은 우수하다. 특히 루비듐 원자시계는 단기 안정성이 좋으면서도 크기가 작고 가격이 저렴해 GPS를 비롯한 여러 곳에서 쓰이고 있다.

세슘-133은 원자시계의 재료로 사용하기 좋은 여러 가지 특성을 가지고 있다. 가벼운 수소 원자는 상온에서 초속 1600미터로 열운동을 하고, 질소 원자는 초속 510미터로 열운동을 한다. 하지만 세슘-133은 초속 130미터로 훨씬 느리게 열운동을 하기 때문에 복사선의 선폭이 좁다. 게다가 세슘 초미세 전이 복사선의 진동수는 약 9.19기가헤르츠(GHz)로 루비듐의 약 6.8기가헤르츠나 수소의 약 1.4기가헤르츠보다 큰데, 진동수가 클수록 원자시계의 정확성이 높아진다. 세슘 원자시계의 장기적 안정성 또한 장점 중 하나이다.

세슘 원자시계를 국제 표준 시계로 처음 채택한 건 1967년

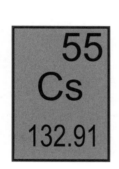

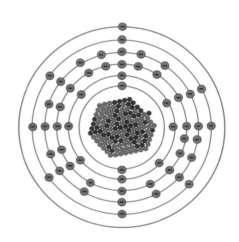

세슘-133의 원소기호와 원자 구성. 원자번호 55인 세슘은 1860년 로베르트 분젠과 구스타프 키르히호프가 광천수에 함유된 물질의 불꽃 실험을 통해 발견했다. 세슘은 빛을 받으면 쉽게 전자를 방출하기 때문에 빛 에너지를 전기 에너지로 전환하는 광전지나 광전자 증배관 등에도 쓰인다. 40가지나 되는 동위원소 중 안정한 동위원소는 세슘-133뿐이다.

이었다. 이 해 열린 국제도량형총회에서 지구의 공전 주기를 기준으로 하는 시계 대신 세슘 원자시계를 국제 표준 시계로 채택하고, 바닥상태에 있는 세슘-133의 전자가 가장 낮은 두 에너지 준위 사이에서 전이할 때 내는 복사선이 91억 9263만 1770번 진동하는 데 걸리는 시간을 1초(s)로 정의했다.

2018년에 열린 국제도량형총회에서는 바닥상태에 있는 세슘의 전자가 가장 낮은 두 에너지 준위 사이에서 전이할 때 흡수하거나 방출하는 복사선의 진동수 9,192,631,770헤르츠(Hz =s^{-1})를 정의 상수 중 하나로 결정했다.

세슘 원자시계를 이용하여 측정한 시간을 협정세계시(UTC, Coordinated Universal Time)라고 부르고, 지구의 자전과 공전 주기를 측정해서 정하는 시간을 태양시라고 부른다. 지구의 자전은 시간이 지남에 따라 조금씩 느려지기 때문에 시간이 지나면 협정세계시와 태양시 사이에 차이가 생긴다. 따라서 협정세계시와 평균 태양시의 차이가 1초를 넘지 않도록 윤초를 넣어 보정하고 있다. 윤초를 정기적으로 넣지 않는 것은 지구 자전 속도의 변화가 불규칙하게 일어나기 때문이다. 달의 조석력으로 인해 지구의 자전 주기가 달라지는 것도 윤초가 필요한 원인이 되지만 불규칙한 지구 자전 주기의 변화는 주로 지구의 핵과 맨틀의 불규칙한 움직임 때문이다.

1972년에 협정세계시가 채택된 후 1972년 6월 30일과 12

월 31일에 각각 1초씩 윤초가 삽입되었으며, 지금까지 총 27초의 윤초가 삽입되었다. 윤초는 일상생활에는 아무런 문제가 되지 않지만 각종 소프트웨어나 무선통신과 같이 정밀한 시간 측정이 필요한 분야에서는 문제가 될 수 있다. IT 업계에서는 지구의 자전 주기 변화가 불규칙해 윤초를 미리 예측할 수 없어 윤초를 적용하는 데 어려움이 있다는 이유로 윤초의 폐지를 계속해서 요구해 왔다. 결국 2022년 11월에 파리에서 열린 제27차 국제도량형총회에서 2035년까지 윤초를 폐지하기로 결정했다.

C 빛의 속력

299,792,458

진공 속에서 빛의 속력은 299,792,458m/s로
일정하다. 1미터는 진공에서 빛이 1초 동안 진행한 거리의
2억 9979만 2458분의 1로 정의된다. 빛의 속력은 우주 공간의
전기적 성질을 나타내는 유전율(ε_0)과 자기적 성질을 나타내는
투자율(μ_0)을 이용해 다음과 같이 나타낼 수 있다.

$$c = \frac{1}{\sqrt{\varepsilon_0 \mu_0}}$$

빛 속력 측정의 역사

고대 그리스의 아리스토텔레스는 빛이 무한대의 속력으로 전달된다고 생각했다. 아리스토텔레스의 생각대로 빛의 속력이 무한대라면 어떤 사건이 일어나는 순간 우리는 그것을 관측할 수 있다. 따라서 우리가 관측하는 사건이 모두 현재 일어나고 있는 사건이다. 11세기에 활동했던 페르시아의 의학자 이븐시나Ibn Sinā와 함께 『광학의 서Book of Optics』라는 책을 출판했던 이븐 알하이삼Ibn al-Haytham(알하젠Alhazen으로도 불림)은 빛의 속력이 매우 빠르기는 하지만 유한하기 때문에 우리가 관측하는 사건들은 모두 과거에 일어난 것이라고 주장했다. 그러나 그들은 빛의 속력을 측정하지는 못했다.

종교 재판을 받고 가택 연금 상태에 있던 갈릴레이는 1638년에 빛의 속력을 측정하는 방법을 제안했다. 밤에 갓을 씌운 등을 든 사람들을 멀리 떨어진 산 위에 세워 놓고, 한 사람이 갓을 벗겼을 때 멀리 있는 사람이 첫 번째 사람의 불빛을 보는 즉시 등의 갓을 벗겨 빛을 돌려보내도록 한다. 그런 다음 첫 번째 사람이 그 빛을 본 시간을 측정하면 빛이 산을 왕복하는 시간을 알 수 있다는 것이다. 그러나 가택 연금 상태에 있었고, 나이가 들어 시력을 거의 상실했던 갈릴레이는 이 실험을 직접 해 볼 수는 없었다.

갈릴레이가 제안한 방법은 실제로 빛의 속력을 측정하는 데 사용할 수 있는 방법이 아니었지만, 1609년 그가 망원경 관측을 통해 발견한 목성의 위성은 빛의 속력을 성공적으로 측정하는 데 이용됐다. 갈릴레이가 발견한 네 개의 위성 중에서 목성에 가장 가까이 있는 이오는 42.5시간을 주기로 목성 주위를 공전하고 있다. 덴마크의 천문학자 올레 뢰머Ole Rømer는 1675년에 이오의 공전 주기를 이용해 빛의 속력을 계산했다.

뢰머는 1671년에 덴마크에 있는 우라니보르크Uraniborg 천문대에서 이오의 공전 주기를 관측하고, 1672년에는 파리 천문대로 옮겨 이오의 공전 주기를 자세히 측정했다. 이를 통해 그는 지구가 태양을 돌면서 목성으로 다가갈 때는 이오의 공전 주기가 짧아지고, 지구가 목성에서 멀어질 때는 이오의 공전 주기가 길어진다는 것을 알아냈다. 뢰머는 이오의 공전 주기가 달라지는 것은 지구와 목성 사이의 거리가 달라지기 때문이라고 생각하고, 3년 동안 측정한 이오의 공전 주기 변화와 지구와 목성의 거리 변화를 토대로 빛의 속력을 계산했다.

그러나 지구 궤도 반지름에 대한 정확한 정보가 없었던 그는 빛의 속력이 얼마인지 분명한 값을 제시하지 못하고, 빛이 지구 지름과 같은 거리를 지나가는 데는 1초보다 짧은 시간이 걸릴 것이라는 최솟값만 제시했다. 뢰머에게 관측 자료를 입수한 네덜란드의 크리스티안 하위헌스는 빛이 1초 동안에 지구 지름의 16.6배나 되는 거리를 달린다고 계산해 냈다. 정확한 값은 아니었지만 뢰머의 방법으로 알아낸 빛의 속력은 최초로 과학적 방법으로 측정한 빛의 속력이었다.

지구가 태양 주위를 빠른 속력으로 공전하고 있다는 직접적인 증거를 찾고자 했던 과학자들은 지구의 위치 변화에 따라 별들의 위치가 다르게 보이는 연주시차를 확인하고 싶어 했다. 영국의 제임스 브래들리James Bradley도 별의 연주시차를 측정하려고 시도했는데, 그 과정에서 지구의 공전으로 인해 별빛의 방향이 달라지는 광로차光路差를 측정하여 지구가 태양 주위를 돌고 있음을 증명했다. 그리고 이를 이용해 빛의 속력을 계산했다.

브래들리는 1725년 12월 3일 망원경으로 용자리의 감마별을 관측했다. 그리고 14일이 지난 12월 17일에 다시 이 별을 관측했더니 놀랍게도 이 별의 위치가 약 1"(1초) 정도 남쪽으로 내려가 있었다. 그러나 그것은 그가 측정하려고 했던 연주시차가 아니었다. 위치 변화가 연주시차에서 예측한 값보다 10배나 컸고, 별의 위치가 이동한 방향도 연주시차에서 예측한 방향과 반대 방향이었다.

브래들리는 이 별의 위치 변화를 계속 추적했다. 이 별은 일년 동안 작은 타원을 그리면서 돌고 있었다. 브래들리는 이것이 연주시차가 아니라 지구의 공전운동으로 인해 나타나는 광로차

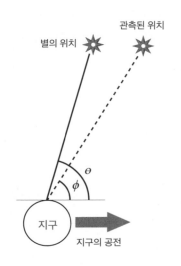

별의 위치   관측된 위치

θ

ϕ

지구

지구의 공전

광로차에 의한 별의 위치 변화

라는 것을 알아냈다. 광로차는 태양 주위를 빠른 속력으로 달리고 있는 지구 위에서 별을 관측하기 때문에 나타나는 현상이다. 우리가 앞으로 걸어가면서 보면 하늘에서 똑바로 떨어지는 빗물이 비스듬하게 떨어지는 것처럼 보이는 것과 같은 현상이다.

브래들리는 광로차를 측정하여 빛의 속력이 지구의 속력보다 1만 배 빠르다고 결론지었다. 브래들리의 역사적 발견은 1729년 1월에 왕립학회에서 발표되었다. 그는 빛이 지구에서 태양까지 가는 데 걸리는 시간은 8분 12초 정도라고 계산했다.

1849년에는 프랑스의 아르망 피조Armand Fizeau가 회전하는 톱니바퀴를 이용하여 지상에서 빛의 속력을 측정하는 데 성공했다. 그는 회전하는 톱니바퀴의 골을 통과한 빛이 8.63킬로미터 떨어져 있는 고정된 거울에 반사되어 돌아오도록 했다. 톱니바퀴가 회전하므로 골을 통과해 나간 빛이 거울에 반사되어 돌아왔을 때는 톱니의 산에 부딪히게 된다. 따라서 톱니바퀴 뒤에서는 거울에 반사된 빛을 볼 수 없다. 그러나 회전 속도를 높여 골을 통과해 나간 빛이 거울에 반사되어 돌아온 다음 골을 통과할 수 있도록 하면 거울에 반사된 빛을 볼 수 있다. 이것은 톱니 하나가 지나가는 데 걸리는 시간이 빛이 거울을 왕복하는 시간과 같음을 의미한다. 따라서 톱니바퀴의 회전속도를 이용하여 톱니 하나가 지나가는 시간을 알아내 빛의 속력을 계산할 수 있었다. 피조가 실험을 통해 알아낸 빛의 속력은 초속 31만 5000킬로미터였다.

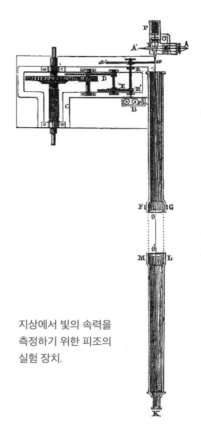

지상에서 빛의 속력을 측정하기 위한 피조의 실험 장치.

전자기학을 완성한 영국의 제임스 클러크 맥스웰은 실험을 통해서가 아니라 맥스웰 방정식을 이용해 빛의 속력을 수학적으로 계산했다. 맥스웰 방정식으로부터 전자기파의 파동 방정식을 유도한 맥스웰은 전자기파의 속력이 우주 공간의 전자기적 성질을 나타내는 유전율(ε_0)과 투자율(μ_0)에 의해 결정된다는 것을 알아냈다.

$$빛의 속력(c) = \frac{1}{\sqrt{\varepsilon_0 \, \mu_0}}$$

실험을 통해 결정한 공간의 유전율과 투자율을 대입하여 계산한 전자기파의 속력은 실험으로 알아낸 빛의 속력과 같았다. 이러한 일치가 우연일 수 없다고 생각한 맥스웰은 빛도 전자기파라고 주장했다. 그러나 맥스웰은 전자기파는 우주 공간을 가득 채우고 있는 에테르ether라는 매질을 통해 전파된다고 생각했기 때문에, 전자기파의 속력은 에테르에 대한 속력이라고 말했다. 과학자들은 빛을 전파시키는 에테르를 찾아내기 위해 실험을 계획했다. 미국의 물리학자 앨버트 마이컬슨Albert A. Michelson은 해군사관학교에 근무하던 1877년에 처음으로 빛의 속력을 측정하기 시작했는데, 1879년에는 공기 중에서 빛의 속력이 초속 29만 9864킬로미터라는 측정치를 얻었다. 이는 진공에서의 빛의 속력이 초속 29만 9940킬로미터라는 것을 뜻했다. 이것은 당시로서는 가장 정확한 값이었다. 해군에서 제대한 후 오하이오주에 있는 케이스 대학Case Western Reserve University의 물리학 교수가 된 마이컬슨은 에테르를 찾기 위한 실험을 시작했다.

지구가 태양 주위를 공전하면서 에테르 속을 빠른 속력으로 달리고 있다면 지구가 달리고 있는 방향으로 전파하는 빛의 속력과 수직한 방향으로 전파하는 빛의 속력이 달라야 한다. 따라서 그는 지구상에서 수직한 두 방향으로 전파하는 빛의 속력 차이를 측정하면 에테르의 존재를 확인할 수 있을 것이라고 생각했다.

1880년 마이컬슨은 수직한 두 방향으로 달리는 빛의 속력을 비교할 수 있는 정밀한 간섭계를 고안했다. 마이컬슨은 이 간섭계를 이용하여 여러 차례 실험을 했지만 수직한 방향으로 달리는 두 빛의 속력 차이를 찾아낼 수 없었다. 실험에 어려움을 느낀 마이컬슨은 정밀한 실험을 잘하기로 유명했던 화학자 에드워드 몰리Edward W. Morley와 공동연구를 시작했다. 그들은 실험 오차를 줄이기 위해 실험 장치를 정밀하게 조립했고, 작은 흔들림

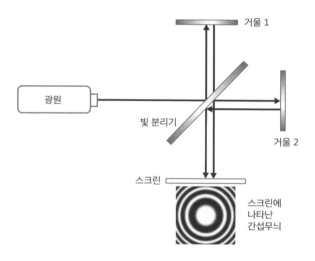

수직한 두 방향으로 진행한 두 빛이
간섭무늬를 만들도록 한 마이컬슨 간섭계.

에 의한 오차도 없애기 위해 실험 장치 전체를 수은에 띄웠다. 그러나 오랫동안의 실험과 많은 노력에도 불구하고 빛의 속력에 영향을 주는 에테르 바람이 존재한다는 어떤 증거도 찾아내지 못했다. 마이컬슨은 이 실패한 실험으로 1907년 미국인 최초로 노벨 물리학상을 받았다.

마이컬슨이 실패한 실험으로 노벨상을 받을 수 있었던 것은 독일의 알베르트 아인슈타인Albert Einstein이 빛은 매질이 없는 공간을 통해 전파된다는 것을 밝혀냈기 때문이다. 아인슈타인은 1905년에 빛이 아무것도 없는 공간을 통해 전파되기 때문에 빛의 속력은 모든 관측자에게 같은 값으로 관측된다는 것을 기본 전제로 하는 특수상대성이론을 발표했다. 빛의 속력이 우리가 살고 있는 우주 공간의 성질을 나타내는 가장 중요한 상수라는 것을 알아낸 것이다.

아인슈타인이 특수상대성이론의 바탕으로 삼은 두 가지 전제는 다음과 같다.

(모든 관성계에서)
1. 같은 물리법칙이 성립한다(상대성 원리).
2. 모든 관측자가 측정한 빛의 속력은 같다(광속 불변의 원리).

모든 관성계에서 측정한 빛의 속력이 같기 위해서는 길이·

시간·질량과 같은 물리량이, 측정하는 사람과 물체 사이의 상대 속력에 따라 달라져야 한다. 이것은 우리 경험과는 맞지 않는 이야기지만 통일적 물리학 체계를 만드는 데는 성공적이었다. 상대성이론은 빛을 기준으로 하여 새로 쓴 물리학이라고 할 수 있다.

지금까지 살펴본 바와 같이, 예전에는 정해진 길이의 단위를 이용해 빛의 속력을 측정했다. 그러나 2018년 이후 빛의 속력이 국제단위계의 정의 상수가 되었기 때문에 모든 길이는 빛의 속력을 기준으로 측정하게 되었다. 오늘날 국제단위계의 1미터는 빛이 진공 속에서 2억 9979만 2458분의 1초 동안 진행한 거리이다. 시간의 단위인 초(s)는 일곱 가지 정의 상수의 하나인 세슘-133이 바닥상태에서 내는 초미세 전이 진동수를 이용해 측정할 수 있다. 따라서 두 가지 상수를 이용해 길이의 단위인 미터(m)를 정의할 수 있다.

새로운 세상을 연 아인슈타인

빛의 속력을 측정하는 데 공헌한 과학자들은 많다. 그러나 빛의 속력이 우주 공간의 물리적 성질을 나타내는 가장 기본적인 상수라는 것을 알아내 현대 과학의 기초를 닦은 사람은 알베르트 아인슈타인Albert Einstein이었다.

아인슈타인은 1879년 독일 남부 도시 울름Ulm의 유대인 가정에서 태어났다. 아인슈타인은 어려서부터 전기공학자였던 삼촌과 정기적으로 집을 방문했던 의대 학생의 영향으로 많은 책을 읽었다. 이때 읽은 과학책과 철학책은 후에 아인슈타인이 위대한 과학자가 되는 데 밑거름이 되었다.

1894년에 아인슈타인의 부모는 전기회사를 시작하기 위해 이탈리아로 이주했다. 당시 열다섯 살이던 아인슈타인은 고등학교에 다니기 위해 독일 뮌헨에 있는 친척 집에 남았지만, 군대식 교육을 하는 독일 고등학교가 싫어서 중도에 학교를 그만두고 이탈리아로 부모를 찾아갔다. 그리고 부모의 권유에 따라 고등학교 졸업장 없이도 대학에 진학할 수 있는 스위스로 가서 취리히

열다섯 살의 알베르트 아인슈타인(1879~1955).

에 있는 연방공과대학ETH Zürich 입학시험을 보았다. 그러나 그는 합격하지 못했다. 수학과 물리학에서는 좋은 성적을 받았지만 라틴어, 동물학, 식물학 등의 점수가 좋지 못했기 때문이다.

아인슈타인은 취리히 근교 작은 마을인 아라우에 있는 고등학교를 1년 다니고, 1896년에 다시 취리히 연방공과대학에 지원해서 물리교육과에 입학했다. 1901년 대학을 졸업한 아인슈타인은 연방공과대학이나 다른 대학에 물리학 조교로 취직하고자 많은 교수들에게 편지를 보냈지만 모두 거절당하고, 1년 후에야 베른 특허 사무소에 취직할 수 있었다.

베른의 특허 사무소에 다니던 1905년에 아인슈타인은 광전효과, 브라운 운동, 특수상대성이론이 담긴 세 편의 논문을 발표했다. 물리학의 틀을 바꿀 수 있는 세 편의 논문을 연이어 발표한 그는 1909년에 취리히 연방공과대학의 이론물리학 교수가 되었고, 오래지 않아 물리학계의 유명 인사가 되었다. 여러 대학에서 연구와 강의를 이어 가던 아인슈타인이 고등학교 시절 떠났던 독일로 다시 돌아온 것은 1914년이었다. 이듬해인 1915년에는 세상을 또 한 번 놀라게 할 일반상대성이론이 담긴 논문을 발표한다.

아인슈타인이 제안한 상대성이론에서 사람들이 특히 어렵게 느끼는 것은 시간에 대한 개념이다. 뉴턴역학에서는 시간이 측정하는 사람의 운동 상태에 따라 달라지지 않는 양이었다. 다시 말해, 시간은 우주 공간에서 일어나는 사건들과는 관계없이 일정하게 흘러간다고 믿었다. 이런 시간을 '절대시간'이라고 한다. 그러나 상대성이론에서는 시간도 관측자의 운동 상태에 따라 달라지는 상대적인 양이다.

아인슈타인은 시간에 대한 복잡한 철학적 논의를 배제하고, 시계로 관측한 것이 시간이라고 생각했다. 관측하기 위해서는 신호를 받아야 하기 때문에 관측 결과는 신호가 전달되는 방법에 따라 달라져야 한다. 정지해 있는 관측자와 (정지해 있는 사람이 볼 때) 상대적으로 달리고 있는 관측자에게 신호가 도달하는 데 걸리는 시간은 다르다. 따라서 두 사람이 가지고 있는 시계로 측정한 시간이 다를 수밖에 없다. 아인슈타인은 또한 누구에게나 빛의 속력이 같은 값으로 측정되기 때문에(광속 불변의 원리), 등속도로 운동하고 있는 모든 관성계에서 동일한 물리법칙이 성립하기(상대성원리) 위해서도 시간은 관측자의 운동 상태에 따라 달라져야 한다고 설명했다. 시간이 상대적인 양으로 바뀌자 뉴턴역학, 빛의 속도, 전자기학 사이의 모순이 사라져 자연현상을 통일적으로 기술할 수 있게 되었다.

한편, 히틀러가 주도하는 나치당이 독일 정치권력의 전면에 등장하면서 유대인이었던 아인슈타인은 정치적으로 어려움을 겪게 된다. 그는 히틀러가 권력의 중심에 다가가기 시작한 1931년부터 독일을 떠날 준비를 했다. 1932년 미국을 여행하고 있던

미국 시민권을 받고 있는 아인슈타인. 1940년.

아인슈타인은 프린스턴에 새로 세워질 고등연구소Institute for Advanced Study로 와 달라는 제안을 받았다. 1932년 12월 12일 아인슈타인과 그의 두 번째 부인 엘자는 18년 동안의 독일 생활을 청산하고 미국으로 향했다. 1933년 1월 30일 히틀러가 독일 총독에 취임하기 7주 전이었다.

　미국에 정착한 후에는 중력과 전자기력을 통합하여 통일장이론unified field theory을 만들기 위해 노력했다. 양자역학을 연구하던 물리학자들은 중력과 전자기력 외에도 강력과 약력이라는 두 가지 힘이 더 존재한다는 것을 알아냈지만 아인슈타인은 중력과 전자기력의 통일에만 매달렸다. 결국 통일장 이론을 만들려는 그의 노력은 실패로 끝났다.

아인슈타인은 1948년에 복부 동맥류 수술을 받았다. 1950년에는 다시 복부 동맥류가 악화되었다. 그해 그는 자신이 죽으면 묘비도, 기념비도, 묘지도, 그리고 순례자들의 여행지가 될 수 있는 어떤 것도 남기지 말아 달라는 유언을 남겼다. 죽음은 모든 것으로부터의 해방을 의미하기 때문에 순례자들에게 평온을 빼앗기고 싶지 않다고 했다.

1955년 4월 13일, 가슴에 심한 통증을 느낀 아인슈타인은 이스라엘 독립 축하 연설을 취소하고 병원에 입원했다. 그는 통증을 완화시키는 진통제 사용과 수술을 거부하고, 1955년 4월 18일에 76세의 나이로 세상을 떠났다. 수십 명만이 참석한 조촐한 장례식이 끝나고 그의 시신은 화장되어 알려지지 않은 곳에 뿌려졌다. 유골을 뿌린 장소를 아는 사람들도 이제는 모두 세상을 떠나 아인슈타인의 흔적은 지워졌다. 그러나 그가 남긴 과학적 유산은 영원히 사라지지 않을 것이다.

h 플랑크 상수

$$6.626\,070\,15 \times 10^{-34}$$

에너지의 최소 단위.
모든 에너지는 플랑크 상수의 정수배로만 존재하거나
주고받을 수 있다. 플랑크 상수의 값은 $6.626\,070\,15 \times 10^{-34}$J·s이다.
J·s를 SI 기본단위로 나타내면 kg·m^2/s이다.
이에 따라, 1킬로그램(kg)은 플랑크 상수의 값이
$6.626\,070\,15 \times 10^{-34}$kg·m^2/s가 되는 질량의 크기로 정의되었다.

양자화된 에너지와 플랑크 상수

우리는 원자로 이루어진 세상에 살고 있다. 그것은 모든 물질이 연속된 물질로 이루어진 것이 아니라 작은 알갱이들로 이루어져 있음을 뜻한다. 원자나 분자의 크기가 아주 작아 우리의 감각으로는 원자나 분자를 볼 수 없기 때문에 우리는 세상이 연속된 물질로 이루어져 있다고 느끼면서 살아가고 있을 뿐이다.

세상을 이루는 물질이 알갱이로 되어 있다면 에너지나 질량 같은 물리량들은 어떨까? 자동차 엔진의 시동을 걸고 가속 페달을 밟아 속력이 시속 100킬로미터에 다다랐다면 자동차의 속력은 시속 0킬로미터에서부터 모든 속력을 거쳐 시속 100킬로미터에 도달한 것일까? 1900년이 되기 전까지는 이런 의문을 품는 사람조차 없었다. 생각해 볼 것도 없이 0에서부터 중간에 있는 모든 값을 거쳐 100에 도달한다고 생각했기 때문이다.

19세기 말에 열과 관련된 현상을 연구하던 과학자들은 물체가 내는 복사선의 에너지가 온도에 따라 어떻게 달라지는지를 조사했다. 그들은 온도에 따라 각 파장의 복사선의 세기가 어떻게 변하는지를 측정하고 그 결과를 그래프로 나타내 보았다. 그 그래프가 흑체복사blackbody radiation 곡선이다. 여기서 흑체는 검

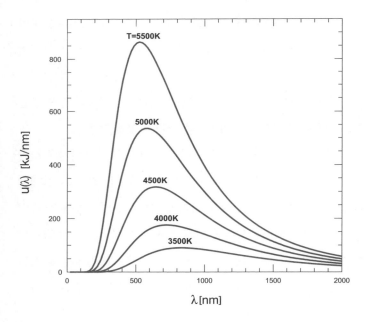

흑체복사 곡선. 온도가 높아지면 파장이 짧은
복사선의 세기가 강해진다.

은 물체가 아니라 외부에서 오는 빛은 조금도 반사하지 않고 자신이 내는 빛만 방출하는 물체를 말한다. 물체의 표면에서 반사되는 빛의 파장은 물체의 온도와는 관계없이 외부에서 입사된 빛의 파장에 따라서 달라지기 때문에 온도에 따른 복사선의 변화를 알아보는 데는 방해가 된다. 검은 물체도 외부에서 오는 빛을 일부 반사하지만 다른 물체보다 덜 반사하기 때문에 과학자들이 실험에 사용한 반사하지 않는 물체를 흑체blackbody라고 부르게 되었다.

실험을 통해 흑체복사 곡선을 알아낸 과학자들은 이런 형태의 복사 곡선이 만들어지는 이유를 뉴턴역학과 전자기학의 법칙들을 이용해 설명하려고 시도했다. 그러나 많은 노력에도 불구하고 기존의 물리 이론으로는 흑체복사 곡선을 설명할 수 없었다.

과학자들의 숙제가 된 이 문제를 해결한 사람은 독일의 이론물리학자였던 막스 플랑크Max Planck였다. 플랑크는 누구도 시도해 보지 않은 새로운 방법으로 이 문제를 해결하는 데 성공했다. 그가 선택한 방법은 에너지도 원자처럼 알갱이로 취급하는 것이었다. 에너지가 알갱이로 이루어져 있다면 에너지의 양은 가장 작은 에너지 알갱이의 정수배만 가능하다. 이것은 자동차가 가속될 때 중간의 모든 값을 거치는 것이 아니라 에너지 알갱이의 크기만큼 껑충껑충 뛰어 증가한다는 것을 뜻했다.

물체에서 나오는 복사선의 에너지가 가장 작은 에너지 알갱이의 정수배만 가질 수 있다고 가정하고 문제를 풀어 가자 흑체복사 곡선이 이론적으로 유도되었다. 플랑크는 1900년 12월 14일 독일물리학회(DPG) 학술회의에서 흑체복사 문제를 해결했다고 발표했다. 그는 흑체복사 곡선을 만족시키려면 가장 작은 에너지 알갱이의 값이 6.6×10^{-34} J·s여야 한다는 것을 알아냈다. 가장 작은 에너지 알갱이의 값은 플랑크의 이름을 따서 플랑크 상수Planck's constant라고 부르게 되었다.

플랑크 상수는 1905년에 알베르트 아인슈타인이 발표한 광전효과에 의해서도 증명되었다. 금속에 빛을 비췄을 때 금속에서 방출되는 광전자의 에너지와 금속에 비춰 준 빛의 파장 사이의 관계를 설명하는 것이 광전효과의 문제이다. 전자기파가 세기에 따라 모든 크기의 에너지를 가진다는 전자기학의 이론을 바탕으로 광전자의 에너지를 설명하려고 했던 다른 과학자들의 노력은 모두 실패했다. 이를 알고 있던 아인슈타인은 빛이 가장 작은 플랑크 상수의 정수배로만 에너지를 가질 수 있다고 가정하여 광전효과를 성공적으로 설명해 냈다.

이렇게 에너지가 가장 작은 에너지 알갱이의 정수배가 되는 값만 가질 수 있는 것을 에너지가 양자화量子化되어 있다고 말한다. 에너지가 양자화되어 있다는 것은 에너지가 연속된 양이 아니라 띄엄띄엄한 양만 가질 수 있다는 것이다. 에너지 알갱이의 크기가 아주 작기 때문에 에너지가 알갱이로 이루어져 있다고 해도 우리에게 달라질 것은 없다. 에너지 알갱이 때문에 자동차가 덜컹거리며 가속되고 있다고 해도 우리의 무딘 감각으로는 그것을 알아차릴 수 없다.

그러나 물리학자들은 엄청난 난관에 봉착했다. 에너지가 양자화되어 있다는 것은 연속된 물리량만 다루는 뉴턴역학으로는 원자보다 작은 세상에서 일어나는 일들을 설명할 수 없음을 의미했다. 따라서 원자보다 작은 세상을 이해하기 위해서는 양자화된 에너지를 다룰 수 있는 새로운 역학을 찾아내야 했다. 그렇게 해서 등장한 것이 양자역학이다. 양자역학은 뉴턴역학과는 전혀 다른 방법으로 원자보다 작은 세상의 일들을 설명한다. 우리가 원자보다 작은 세계를 이해할 수 있게 된 것은 양자역학 덕분이다. 과학자 중에는 양자역학을 이용하여 원자를 이해하게 된 것이 인류가 이룬 가장 위대한 과학적 성취라고 생각하는 이들도 있다.

20세기 과학자들은 플랑크 상수의 정확한 값을 알아내기 위해 정밀한 실험을 계속했다. 그러나 2018년 이후 플랑크 상수는 측정오차가 포함되지 않는 상수가 되었다. 2018년 개최된 제26차 국제도량형총회에서 플랑크 상수의 값을 $6.62607015 \times 10^{-34}$ J·s로 정했기 때문이다.

플랑크 상수는 에너지(J)×시간(s)의 차원을 갖는 양이어서 SI 기본단위로만 나타내면 $kg \cdot m^2/s$이다. 따라서 플랑크 상수의 값을 결정하기 위해서는 질량(kg), 길이(m), 시간(s)의 단위를 먼저 정해야 한다. 그러나 플랑크 상수의 값을 정해 놓음으로써 플랑크 상수와 세슘-133 원자시계로 측정한 시간(s), 그리고 빛의 속력으로 측정한 길이(m)를 이용하여 질량(kg)의 단위를 정의할 수 있게 되었다. 더 이상 인위적으로 만든 킬로그램원기가 필요 없게 된 것이다.

플랑크 상수는 양자역학의 여러 이론에 사용되고 있을 뿐만 아니라, 우주 초기의 상태를 설명하는 천체 물리학, 열과 관련된 현상을 통계적인 방법으로 설명하는 통계 열역학에서도 기본적인 상수로 쓰이고 있다. 플랑크 상수는 빛의 속력과 마찬가지로 우리가 살고 있는 우주의 물리적 성질을 나타내는 기본상수 중 하나이다.

보수적이었지만 혁신적인 생각을 했던
막스 플랑크

플랑크 상수에 이름을 남긴 막스 플랑크Max Planck는 독일의 북부 도시인 킬Kiel에서 태어났지만 가족이 뮌헨으로 이사하면서 뮌헨에서 고등학교를 다녔다. 그는 고등학교를 졸업한 후 물리학을 공부하기로 마음먹고 뮌헨 대학의 물리학 교수 필리프 졸리 Philipp von Jolly 교수와 상담했다. 졸리 교수는 물리학에서는 거의 모든 것이 발견되어 있어 이제 남은 것은 몇 개의 사소한 틈새를 메우는 일뿐이니 물리학을 공부하지 말라고 권유했다. 그러나 플랑크는 새로운 것을 발견하지 못하고 이미 알려진 것을 이해하는 것만으로도 좋다는 생각에 물리학을 공부하기로 했다.

플랑크는 졸리의 지도 아래 가열된 백금 속에서 수소 원자가 확산을 통해 이동해 가는 과정을 밝혀내기 위한 실험을 했다. 그러나 이론적인 연구에 매력을 느낀 플랑크는 실험 대신 이론물리학을 공부하기 시작했다. 1879년 2월에 「역학적 열 이론의 두 번째 정리에 대하여 *Über den zweiten Hauptsatz der mechanischen Wärmetheorie*」라는 논문을 제출하고 박사학위를 받은 플랑크는 뮌헨 대학에서 강사를 하면서 열역학 연구를 계속했다. 1885년 4월 플랑크는 킬 대학의 이론물리학 교수가 되었고, 1889년에는 베를린 대학으로 자리를 옮겼다.

플랑크가 흑체복사 문제에 관심을 가지게 된 것은 베를린 대학에 근무하던 1894년부터였다. 당시에는 흑체복사 문제를 연구하는 사람들이 많았다. 실험을 통해 얻은 결과로부터 그 결과를 설명할 수 있는 식을 구하려고 시도한 빌헬름 카를 빈Wilhelm Carl Wien도 그중 하나였다. 아헨 공과대학Rheinisch-Westfälische Technische Hochschule Aachen에서 물리학을 가르치고 있던 빈은 1896년에 실험 결과를 이용하여 실험식을 만들었다. 빈의 실험식을 못마땅하게 생각한 플랑크는 전자기학 이론과 열역학 이론

막스 플랑크(1858~1947).

을 이용하여 흑체복사 곡선을 설명하려고 시도했다.

한편, 영국의 귀족 출신으로 캐번디시 연구소 소장으로 있던 존 레일리John Rayleigh는 제임스 진스James Jeans와 함께 1900년에 전자기파의 이론을 이용하여 흑체복사 문제를 설명하는 식을 유도해 냈다. 그러나 레일리·진스의 식은 파장이 긴 경우에는 실험 결과를 잘 설명할 수 있었지만 파장이 짧은 경우에는 실험 결과와 맞지 않았다.

플랑크는 레일리와 진스가 사용했던 수학적 분석에 전자기파가 작은 덩어리의 정수배 에너지만 가질 수 있다는 가정을 적용해 보았다. 그러자 흑체복사 곡선을 나타내는 식이 유도되었다. 후에 플랑크는 이 이론을 제안할 때 에너지가 양자화되어 있다는 것에 대해 그다지 심각하게 생각하지 않았다고 회고했다. 플랑크는 흑체복사 문제를 해결한 자신의 방법을 그리 탐탁하게 생각하지 않았다. 양자물리학이 성공적으로 자리를 잡은 다음에도 플랑크는 자신이 제안한 에너지 알갱이를 고전물리학의 틀 안에서 설명할 수 있게 되기를 바랐다.

플랑크는 양자역학이 탄생하는 기초를 닦은 사람이었지만 상식적으로 이해할 수 없는 내용이 많이 포함된 양자역학을 받아들이려고 하지 않았다. 양자역학의 발전에 크게 기여한 양자역학의 선구자들이 양자역학을 받아들이지 않는 일은 그 후에도 여러 번 있었다. 그것은 새롭게 등장하는 양자역학의 탄생이 매우 고통스러운 과정이었음을 잘 보여 준다.

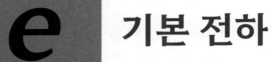

e 기본 전하

$$1.602\,176\,634 \times 10^{-19}$$

전자나 양성자는
$1.602\,176\,634 \times 10^{-19}$쿨롱(C)의 전하를 가지고 있다.
측정 가능한 전하는 이 값의 정수배로 나타내진다.
따라서 전자의 전하(e)를 기본 전하라고 한다. 1암페어($A = C/s$)는
기본 전하의 값이 $1.602\,176\,634 \times 10^{-19}$쿨롱(C)이 되도록 하는
전류의 크기로 정의되었다.

전자의 발견과 전자의 전하

전기 현상과 관련된 물리법칙은 1800년대에 이미 모두 밝혀졌다. 1800년대에 전기 관련 현상을 모두 이해했다는 뜻이다. 그러나 정작 전기 현상을 만들어 내는 전자가 발견된 것은 1897년이었고, 양성자가 발견된 것은 1919년이었다. 과학자들은 주인공이 누구인지도 모른 채 그 주인공이 어떻게 행동하는지를 모두 알아냈던 것이다.

전자의 발견으로 이미 알려져 있던 물리법칙이 달라지지는 않았다. 이것은 전자의 존재를 알지 못했어도 전기 현상을 제대로 이해하는 것이 가능했음을 의미한다. 그러나 전자가 발견되면서 전자기학 법칙들이 갖는 물리학적 의미를 심도 있게 이해할 수 있었고, 원자보다 작은 세계를 본격적으로 연구할 수 있게 되었다. 그래서 일단의 과학사학자들은 전자가 발견된 1897년을 현대과학이 시작된 해로 보아야 한다고 주장하기도 한다.

음극선관 실험을 통해 전자를 발견한 사람은 영국의 물리학자 조지프 존 톰슨Joseph John Thomson이었다. 케임브리지 대학 캐번디시 연구소의 물리학 교수였던 톰슨은 당시 많은 학자들이 관심을 가졌던 음극선의 정체를 규명하고자 했다. 음극선관은 형

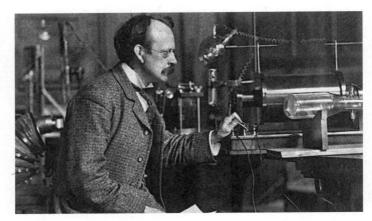

음극선관 실험 중인 조지프 존 톰슨.

광등과 비슷한 것으로, 전극이 설치된 유리관의 내부를 진공으로 만든 다음 높은 전압을 걸어 주면 음극에서 무엇인가가 나와 양극으로 흘러간다. 이러한 현상은 오래전부터 알려져 있었다. 음극에서 나오기 때문에 음극선이라고 불렀지만, 그때까지 그것이 무엇인지는 모르고 있었다. 톰슨은 음극선의 정체를 밝혀내기 위한 세 가지 실험을 계획했다.

첫번째는 음극선에 음전하를 띤 입자들 외에 다른 입자들도 포함되어 있는지를 알아보는 실험이었다. 전하를 띤 입자는 자기장 안에서 휘어져 진행한다. 이때 휘는 방향은 전하의 종류에 따라 달라진다. 톰슨은 음극선관 주위에 자기장을 걸면 음극선이 모두 한 방향으로 휘어지는 것을 확인했다. 이것으로 음극선에는 음전하를 띤 입자 외에는 아무것도 포함되어 있지 않다는 것을 알게 되었다.

두 번째는 음극선에 전기장을 걸어 주었을 때 음극선이 휘는 현상을 조사하는 실험이었다. 이런 실험은 이전에도 시도되었지만 실패했다. 전기장에 의해 휘는 정도는 매우 작은데, 음극선관 안에 남아 있던 기체의 방해 때문에 음극선이 휘는 것을 측정하지 못했던 것이다. 톰슨은 음극선관 안의 진공도를 훨씬 높인 다음 실험을 다시 해 보았다. 예상했던 대로 음극선이 양극 쪽으로 휘었다. 음극선이 음전하를 띤 입자들의 흐름이라는 것을 다시 한번 직접적으로 확인한 것이다.

마지막 세 번째는 전기장 안에서 음극선이 휘어지는 정도를 측정하여 음극선을 이루는 알갱이의 전하와 질량의 비(e/m)를 결정하는 실험이었다. 톰슨이 측정한 음극선 입자의 e/m 값은 수소 이온의 e/m 값보다 1840배나 큰 값이었다. 그것은 음극선 입자가 음전하를 띠고 있으면서, 수소 이온에 비해 질량이 매우

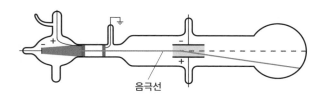

음극선

전자의 전하와 질량의 비(e/m) 측정 실험

작다는 뜻이었다. 톰슨은 이 입자를 '미립자'라고 불렀다.

1897년 4월 30일에 톰슨은 왕립연구소에서 4개월간에 걸친 음극선 실험 결과를 발표했다. 톰슨은 이 미립자가 음극에 포함된 원자에서 나온다고 주장했다. 그것은 원자가 더 이상 쪼개지지 않는 가장 작은 알갱이가 아님을 의미했다. 톰슨이 미립자라고 부른 이 입자를 과학자들은 1894년에 조지 스토니가 제안한 전자electron라는 이름으로 부르기 시작했다. 여러 입자의 전하를 측정한 스토니는 입자들의 전하가 최솟값의 정수배로 나타내진다는 것을 발견하고 전하의 기본 단위를 전자라고 부르자고 제안했는데, 그 전자가 최소 전하(기본 전하)를 갖는 알갱이의 이름이 된 것이다.

톰슨의 제자로, 방사성 원소가 내는 방사선을 조사한 어니스트 러더퍼드는 방사선 중 하나인 베타선β-ray이 전자의 흐름이라는 것을 밝혀냈다. 이로써 원자에서 전자가 나온다는 것이 확실해졌다. 원자는 더 쪼갤 수 없는 가장 작은 알갱이가 아니라 전자를 비롯한 여러 가지 알갱이들로 이루어졌다는 것이 밝혀진 것이다.

톰슨이 전자에 대해 알아낸 것은 전하와 질량의 비였다. 따라서 전하나 질량 중 하나를 측정해야 전자의 전하와 질량을 결정할 수 있었다. 실험을 통해 전자 하나가 가진 전하를 측정한 사람은 미국의 로버트 밀리컨Robert Andrews Millikan이었다. 시카고

대학 교수로 있던 밀리컨은 1909년 기름방울 실험을 통해 전자 전하의 크기를 측정하는 데 성공했다.

밀리컨은 두 금속판 전극 사이에서 기름방울이 위에서 아래로 떨어지도록 한 다음, 중력과 전기력이 평형을 이루어 기름방울이 정지할 때의 전압을 측정했다. 이런 방법으로 여러 기름방울의 전하를 측정한 밀리컨은 이들의 전하가 기본 전하의 정수배가 된다는 것을 확인했다.

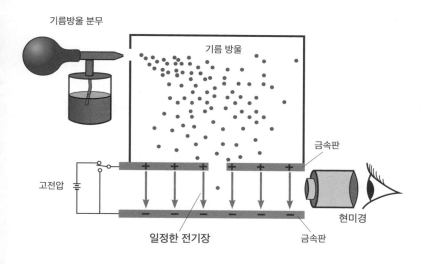

전자의 전하를 측정한 밀리컨의 기름방울 실험

e

이것은 마치 여러 사람들이 가지고 있는 돈의 액수를 조사하여 돈의 최소 단위를 알아내는 방법과 비슷하다. 사람들이 가지고 있는 돈의 액수가 모두 10원의 배수로 나타내진다면 돈의 최소 단위가 10원이라는 것을 암시한다. 상점의 모든 물건값이 10원의 배수라는 사실을 알아내도 돈의 최소 단위가 10원이라고 결론지을 수 있을 것이다.

밀리컨은 이 실험을 통해 기름방울의 전하가 1.592×10^{-19}쿨롱의 정수배라는 것을 알아냈다. 이는 오늘날 우리가 알고 있는 전자의 전하 1.602×10^{-19}쿨롱보다 약간 작은 값이다. 이 값을 톰슨이 알아낸 e/m값에 대입하여 계산해 보니 전자의 질량은 9.1×10^{-31}킬로그램이었다. 1910년 밀리컨의 실험 결과가 발표된 후 다른 과학자가 다른 측정 결과를 발표해 밀리컨이 측정한 기본 전하의 신뢰성에 논란이 일기도 했다. 밀리컨은 1913년에 개선된 실험 장치를 이용하여 더 정밀한 결과를 발표했다. 그 후 전자의 전하를 정확하게 측정하기 위한 정밀한 실험이 활발하게 진행됐다.

마침내 2018년 전자의 전하가 일곱 가지 정의 상수 중 하나가 되면서 전자의 전하는 $1.602176634 \times 10^{-19}$쿨롱으로 확정되었다. 그리고 이전까지 전기 관련 단위의 기준이었던 암페어를 비롯한 다른 단위들은 전자의 전하를 이용해 나타내게 되었다.

입자 물리학에 의하면 양성자나 중성자와 같은 입자의 구성 요소인 쿼크quark는 $\frac{1}{3}e$나 $\frac{2}{3}e$와 같은 분수 전하를 가진다. 여러 가지 실험을 통해 쿼크가 실제로 존재하는 입자라는 것이 밝혀졌지만 실험을 통해 단독 쿼크를 분리해 내지는 못했다. 두 개 또는 세 개의 쿼크로 이루어진 입자들을 충돌시키면 단독 쿼크가 튀어나오는 것이 아니라 여러 개의 쿼크로 이루어진 입자들이 만들어진다. 따라서 우리가 측정할 수 있는 전하는 항상 기본 전하의 정수배이다.

전자를 발견한 톰슨

전자를 발견하여 현대 과학의 토대를 마련한 조지프 존 톰슨 Joseph John Thomson은 1856년 영국 맨체스터에서 태어났다. 그는 1870년에 오웬스 칼리지Owens College에 입학했다가 케임브리지의 트리니티 칼리지로 옮겨 학사학위와 석사학위를 받았다. 1884년에 캐번디시 연구소 소장이 된 톰슨은 그곳에서 어니스트 러더퍼드를 비롯한 수많은 제자들을 길러 냈다. 그의 제자 중 일곱 명이 노벨상을 받았고, 톰슨 자신과 그의 아들 조지 패짓 톰슨George Paget Thomson도 노벨상을 받았다.

원자 안에 전자가 들어 있다는 사실을 알아낸 톰슨은 전자들이 양전하를 띤 원자 물질 안에 여기저기 흩어져 원자의 중심을 빠르게 회전하고 있을 것으로 추측했다. 이것이 최초의 원자

모형인 플럼 푸딩 모형plum-pudding model이다.

1912년에는 네온 이온이 전기장과 자기장에 의해 휘는 정도를 측정하고, 네온이 각기 질량이 다른 두 가지 동위원소(네온-20, 네온-22)로 이루어져 있다는 것을 알아냈다. 이로써 안정한 원소도 동위원소가 있다는 사실이 밝혀졌다. 톰슨의 실험은 전하는 같지만 질량이 조금 다른 입자들을 분리해 내는 질량분석기의 개발로 이어졌다.

톰슨은 연구자로서뿐만 아니라 연구소의 관리자로서도 뛰어난 능력을 보였다. 그는 대학이나 정부로부터 재정 지원을 받

조지프 존 톰슨(1856~1940)과 그가 소장으로 있던
캐번디시 연구소(1911년).

지 않고도 캐번디시 연구소를 크게 발전시켰다. 또한, 세계 여러 나라의 과학자들을 캐번디시 연구소로 초청해 함께 연구하고 연구소 출신 과학자들을 세계 각국으로 파견해 과학 분야에서 국제 교류를 증진시켰다. 과학 연구에서 시설이나 연구비 못지않게 연구자의 열정과 연구자들 간의 소통이 중요하다는 것을 보여 준 것이다.

　　강의도 연구 활동만큼 중요하게 생각했던 톰슨은 제자들에게도 그것을 강조했다. 강의를 통해서도 연구 활동에서 만큼 많은 것을 배우고 얻을 수 있다는 것이 그의 생각이었다. 톰슨과 그가 소장으로 있던 캐번디시 연구소는 원자의 구조를 밝혀 20세기 과학 발전의 중심이 되었다.

k 볼츠만 상수

B o l t z m a n n c o n s t a n t

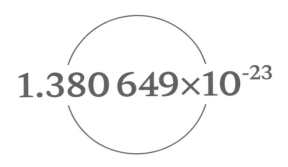

$$1.380\,649 \times 10^{-23}$$

온도가 1켈빈(K)일 때
분자 하나가 갖는 열운동 에너지를 나타내는 양으로,
그 값은 $1.380\,649 \times 10^{-23}$ J/K이다. 절대온도 1K은
볼츠만 상수가 이 값을 갖도록 정의되었다.

에너지와 온도, 그리고 볼츠만 상수

1662년에 영국의 화학자 로버트 보일Robert Boyle은 온도가 일정한 경우 기체의 부피와 압력이 반비례한다는 보일의 법칙을 발표했다. 보일의 법칙에 의하면 압력을 두 배로 하면 부피는 반으로 줄고, 압력을 3배로 하면 부피는 3분의 1로 줄어든다. 1878년에는 프랑스의 과학자이자 발명가였던 자크 샤를Jacques Alexandre César Charles이 일정한 압력에서 기체의 부피는 온도에 비례한다는 샤를의 법칙을 발견했다. 보일의 법칙과 샤를의 법칙을 결합하면 다음과 같은 식을 얻을 수 있다.

$$\frac{압력 \times 부피}{온도} = 기체의 \; 양 \times 기체상수$$

이 식에서 온도가 일정한 경우가 보일의 법칙이고, 압력이 일정한 경우가 샤를의 법칙이다. 온도와 압력은 기체의 양에 따라 달라지는 양이 아니지만, 부피는 기체의 양에 비례하기 때문에 우변에 '기체의 양'이 들어갔다. 이 식은 이상기체의 행동을 설명하는 가장 기본적인 식이다. 이상기체는 전체 부피에 비해 실제 기체 분자가 차지하는 부피가 무시할 수 있을 정도로 작고,

탄성 충돌 이외에는 분자들끼리 상호작용하지 않는 기체를 말한다. 이때 '기체상수'의 값은 압력과 부피, 그리고 기체의 양을 어떤 단위를 이용하여 나타내느냐에 따라 달라진다. 이상기체의 상태 방정식equation of state이라고도 불리는 이 식은 이론적으로 유도된 식이 아니라 실험을 통해 알아낸 실험식이다.

1800년대 중반 이후 원자론을 받아들인 물리학자들은 분자 운동론을 발전시켰다. 기체를 이루고 있는 분자 하나하나의 운동을 분석한 결과를 통계적으로 처리하여 열역학에서 중요하게 다루어지는 온도, 부피, 압력과 같은 물리량의 의미를 새롭게 이해하려는 것이 분자 운동론이다. 기체를 이루고 있는 분자 하나하나의 운동을 분석한 과학자들은 다음과 같은 결과를 얻었다.

$$열운동 에너지의 합 = \frac{3}{2} \times 압력 \times 부피$$

이 식에 이상기체의 상태 방정식을 대입하면 다음과 같은 식을 얻을 수 있다.

$$열운동 에너지의 합 = \frac{3}{2} \times 기체의 입자수 \times 기체상수 \times 온도$$

이 식은 '온도'가 기체 분자들의 열운동 에너지에 비례하는 양이라는 것을 나타낸다. 다시 말해 우리가 온도를 측정하는 것은 분자들의 열운동 에너지를 측정하는 것이었다. 그렇다면 분자 하나의 열운동 에너지와 온도 사이의 관계는 다음과 같이 나타낼 수 있을 것이다.

$$\text{분자 하나의 열운동 에너지} = \frac{3}{2} \times \text{비례상수}(k) \times \text{절대온도}$$

분자 하나의 열운동 에너지와 온도 사이의 비례상수가 바로 볼츠만 상수(k)이다. 다시 말해 볼츠만 상수는 온도를 에너지로 환산해 주는 상수이다. 볼츠만 상수는 온도와 에너지를 측정하여 계산할 수 있다. 그동안 그렇게 결정됐던 볼츠만 상수의 값이 2018년에 1.380649×10^{-23} J/K으로 확정되었다. 줄(J)은 kg·m/s로 나타낼 수 있으므로, 따라서 이제는 절대온도 K를 볼츠만 상수와 시간(s), 길이(m), 그리고 질량(kg)을 이용해 정의할 수 있게 되었다.

통계역학의 아버지 루트비히 볼츠만

볼츠만 상수에 이름을 남긴 사람은 오스트리아의 물리학자 루트비히 볼츠만Ludwig Eduard Boltzmann이다. 볼츠만은 1844년 오스트리아 빈에서 세무 공무원의 아들로 태어났다. 빈 대학에서 기

루트비히 볼츠만
(1844~1906).

체 운동론 연구로 물리학 박사학위를 받은 그는 그라츠 대학, 하이델베르크 대학, 베를린 대학, 빈 대학에서 교수로 지내며 통계물리학의 기초를 다지는 연구를 했다.

볼츠만이 이렇게 많은 대학을 옮겨 다닌 것은 빈 대학의 철학과 및 과학사 교수이자 극단적인 실증주의자였던 에른스트 마흐Ernst Mach와 원자론을 둘러싸고 대립했기 때문이다. 마흐는 직접 관측할 수 없는 원자나 분자의 존재를 인정하지 않았다. 그러나 원자와 분자의 존재를 전제하지 않고는 열역학적 현상들을 설명할 수 없다고 본 볼츠만은 원자와 분자의 존재를 확신하고 있었다. 마흐와 볼츠만의 대립은 매우 격렬해서 볼츠만이 마흐를 피해 학교를 옮겨 다닐 정도였다.

볼츠만은 여러 대학을 옮겨 다니면서도 통계물리학 연구를 계속하여 스테판·볼츠만 법칙Stefan-Boltzmann law, 기체의 분자

운동론, 볼츠만·맥스웰 속도 분포, 통계적 엔트로피entropy의 도입 등 많은 연구 업적을 남겼다. 그중에서도 가장 중요한 것은 통계적 엔트로피를 도입하여 열역학 제2법칙을 새롭게 해석한 것이다.

1865년에 독일의 루돌프 클라우지우스는 열량을 온도로 나눈 값으로 엔트로피를 정의하고, 자연에서는 엔트로피가 증가하는 방향으로만 변화가 일어난다는 열역학 제2법칙을 확립했다. 볼츠만은 열역학 제2법칙을 분자 단위에서 새롭게 해석하고, 확률을 바탕으로 엔트로피를 다시 정의했다.

볼츠만이 제안한 새로운 엔트로피를 이해하기 위해서는 우선 몇 가지 용어의 의미를 이해해야 한다. 동전을 던지는 경우를 생각해 보자. 동전의 앞이 나오는 것을 ○, 뒤가 나오는 것을 ×로 나타내면, 한 개의 동전을 던졌을 때 나오는 방법은 ○와 ×의 두 가지이다. 두 개의 동전을 던졌을 때 나오는 방법은 ○○, ○×, ×○, ××의 네 가지이다. 3개의 동전을 던졌을 나오는 방법은 ○○○, ○○×, ○×○, ×○○, ××○, ×○×, ○××, ×××로 8가지이다.

동전이 나올 수 있는 한 가지 한 가지 방법을 '미시 상태'라고 한다. 볼츠만은 동전을 3개 던졌을 때 나올 수 있는 여덟 가지 방법 중에서 어느 한 가지가 나올 확률은 모두 같다고 가정했다. 다른 말로 하면 모든 미시 상태가 나타날 확률이 같다는 것이다. 이런 가정은 실험을 통해 확인된 것은 아니지만 매우 설득력이 있다.

동전 3개를 던졌을 때 앞이 나오는 동전의 개수에 따라 상금을 받는다면 받을 수 있는 상금의 종류는 네 가지 방법밖에 없다. 앞이 나온 동전의 수만 따지면 0개, 1개, 2개, 3개의 네 가지 방법만 가능하기 때문이다. 이 네 가지 상태가 '거시 상태'이다. 우리가 실험을 통해 측정하는 상태는 하나하나의 미시 상태가 아니라 거시 상태이다.

어떤 것을 거시 상태로 보느냐 하는 것은 우리가 무엇을 측정하느냐 따라 달라진다. 어떤 상태가 어떤 상태로 변해 간다든지 어떤 상태가 될 확률이 높다고 이야기할 때의 '상태'는 모두 우리가 측정할 수 있는 거시 상태를 가리킨다.

3개의 동전을 던졌을 때 나오는 네 가지 거시 상태를 각각 A(0), B(1), C(2), D(3)라는 기호로 나타내면 동전 3개를 던졌을 때 나올 수 있는 각각의 거시 상태에 포함된 미시 상태와 미시 상태의 수는 다음과 같다(×가 뒷면이면 ○는 앞면).

거시 상태	A(0)	B(1)	C(2)	D(3)
미시 상태		××○	○○×	
		×○×	○×○	
	×××	○××	×○○	○○○
미시 상태의 수	1	3	3	1

모든 미시 상태의 확률이 같다면 B(1)의 거시 상태가 나올

확률은 $\frac{3}{8}$이고, D(3)의 거시 상태가 나올 확률은 $\frac{1}{8}$이다. 어떤 거시 상태가 일어날 확률은 그 거시 상태에 포함되어 있는 미시 상태의 수에 따라 달라진다. 볼츠만은 거시 상태의 엔트로피를 미시 상태의 수를 이용해 다음과 같이 정의했다.

엔트로피 = 볼츠만 상수(k) × log(미시 상태의 수)

$S = k \, log W$

(S는 엔트로피, W는 미시 상태의 수를 나타내는 기호)

이 식에 볼츠만 상수가 포함되어 있는 것은 통계적인 방법으로 정의한 엔트로피가 열역학적으로 정의한 엔트로피와 같은 차원을 갖는 양이 되도록 하기 위해서이다. 엔트로피를 이렇게 정의하면, 엔트로피 증가의 법칙은 더 많은 미시 상태를 포함하고 있는 상태로 변해 간다는 뜻이 된다. 다시 말해 엔트로피 증가의 법칙은 자연이 확률이 높은 상태를 향해 변해 간다는 것이다. 볼츠만이 새롭게 정의한 통계적 엔트로피는 통계역학의 기초가 되었다.

이런 뛰어난 업적에도 불구하고 원자의 존재를 받아들이지 않았던 사람들과의 갈등으로 고통받았던 볼츠만은 1906년 스스로 목숨을 끊었다. 뛰어난 천재의 안타까운 종말이었다.

k

아보가드로수

Avogadro constant

$$6.022\,140\,76 \times 10^{23}$$

물질 1몰(mol) 안에 포함되어 있는 원자나 분자의 수.
그 값은 $6.022\,140\,76 \times 10^{23}$개/mol이다.
역으로 말하면, 원자나 분자의 수가 아보가드로수만큼
들어 있는 물질의 양이 1몰이다.

원자의 개수와 아보가드로수

1808년 영국의 존 돌턴은 모든 물질이 더 이상 쪼갤 수 없는 가장 작은 알갱이인 원자로 이루어졌다는 원자론을 제안했다. 돌턴은 원자론을 이용해 일정성분비의 법칙이나 배수비례의 법칙과 같은 실험법칙들을 잘 설명할 수 있었다. 그러나 분자들을 구성하고 있는 원자의 수를 알 수 없어 분자식을 결정할 수 없었다. 예를 들면, 실험을 통해 산소 8그램과 수소 1그램이 결합해 물 9그램이 만들어지는 것은 알고 있었지만 수소 원자와 산소 원자의 질량을 알 수 없었기 때문에 물 분자 하나가 몇 개의 수소 원자와 산소 원자로 이루어졌는지는 알 수 없었다.

따라서 원자론은 아직 개념적인 수준에 머물러 있을 뿐 완성된 것이 아니었다. 원자론을 완성하여 물질의 조성을 설명하는 이론으로 거듭나게 하기 위해서는 원자의 수를 셀 수 있는 방법을 찾아야 했다. 화학반응에 참가하는 원자 수의 비율을 정하는 방법은 의외로 빨리 제시되었다. 원자론이 발표되고 3년 후인 1811년에 이탈리아의 아메데오 아보가드로Amedeo Avogadro가 '아보가드로의 가설'을 제안한 것이다. 아보가드로의 가설은 프랑스의 화학자 조제프 루이 게이뤼삭의 발견을 기초로 하고 있다. 게이뤼삭은 두 종류의 기체가 화학반응을 하는 경우, 두 기체의 중량비뿐만 아니라 부피도 간단한 정수비를 이룬다는 것을 발견했다. 수소와 산소가 결합하여 물을 만드는 경우 수소와 산소의 질량비는 늘 1:8이고, 부피의 비는 항상 2:1이었다. 그는 다른 기체의 반응도 조사하고 완전하게 반응하는 기체의 부피비는 간단한 정수비가 된다는 연구 결과를 1809년에 발표했다.

게이뤼삭의 발견을 기초로 아보가드로는 크기가 다른 원자나 분자라도 같은 온도, 같은 압력, 같은 부피에는 같은 수의 분자나 원자가 들어 있다는 가설을 제안했다. 아보가드로의 가설을 받아들이면 화학반응에 참여하는 기체의 부피비가 바로 원자 개수의 비가 된다. 따라서 어떤 원자들이 어떤 비율로 결합하는지 알 수 있어 분자식을 결정할 수 있었다. 그러나 아보가드로의 가설은 널리 받아들여지지 않았다. 같은 부피 속에 크기가 다른 원자나 분자가 같은 수로 들어 있다는 것을 좀처럼 납득할 수 없었기 때문이다.

아보가드로의 가설을 받아들이기 어렵게 한 것은 이뿐만이 아니었다. 수소 1부피와 염소 1부피가 결합하여 2부피의 염화수소를 만드는 화학반응은 아보가드로 가설만으로는 설명할 수 없었다.

수소 1부피 + 염소 1부피 → 염화수소 2부피

아보가드로의 가설대로 같은 부피 안에 같은 수의 알갱이가 들어 있다면 이 반응은 수소 원자 하나와 염소 원자 하나가 결합해서 염화수소 분자 두 개를 만든다는 것을 의미한다. 그러려면 화학반응 과정에서 수소 원자와 염소 원자가 두 개로 분열되어야 한다. 이것을 설명하기 위해 아보가드로는 수소와 염소가 각각 두 개의 원자로 이루어진 2원자 분자라고 주장했지만, 같은 원자끼리는 반발해야 한다는 것이 당시의 일반적인 견해였으므로 받아들여지지 않았다.

따라서 1850년대까지는 원자론이 화학에서 그다지 중요한 역할을 하지 못했다. 화학자들 대다수가 원자의 개수에 관한 불확실한 추측을 포함하고 있는 원자론과 아보가드로의 가설을 받아들이지 않아 분자의 조성을 밝혀내지 못하고 있었고, 화학은 혼란스럽기 그지없었다. 1861년에 독일에서 출판된 유기 화학 교과서에는 하나의 화합물을 19가지나 되는 다른 분자식으로 표현하고 있다. 이러한 문제를 해결하고자 1860년 9월 3일에 독일 카를스루에Karlsruhe에서 최초의 국제 화학회의가 개최되었다.

이 회의에서 이탈리아의 제노바 대학 교수였던 스타니슬라오 칸니차로Stanislao Cannizzaro가 아보가드로의 가설과 2원자 분자를 받아들이면 이런 혼란을 종식시킬 수 있다는 내용이 담긴 논문을 배포하고 참석자들을 설득했다. 칸니차로의 이러한 노력이 성과를 거두어 아보가드로의 가설이 점차 받아들여지게 되었다. 그러자 원소의 원자량을 결정할 수 있었고, 화합물의 조성도 결정할 수 있었다. 아보가드로의 가설은 과학적 사실로 인정되어 '아보가드로의 법칙'으로 불리게 되었다. 아보가드로의 법칙이 자리 잡자 화학반응에 참여하는 기체의 부피비를 이용해 분자에 포함된 원자 수의 비를 알아내어 분자식을 결정할 수 있었다.

그렇다면 원자량과 아보가드로수, 그리고 물질의 양을 나타내는 1몰(mol)이라는 단위는 어떤 과정을 통해 등장했을까?

19세기의 화학자들은 실험을 통해서 화학반응을 하는 물질들 사이의 질량비를 알아냈다. 원자론을 제안한 돌턴은 수소 1그램과 반응하는 다른 물질의 질량을 그 물질의 상대적 원자량으로 정했다. 그러나 스웨덴의 화학자 베르셀리우스Jöns Jacob Berzelius는 산소 100그램과 반응하는 물질의 양을 그 물질의 상대적 원자량으로 정했다. 산소는 대부분의 원소들과 화학반응을 하기 때문에 기준으로 사용하기에 수소보다 편리했다. 원자량이 화학에서 중요한 역할을 한다는 것을 알게 된 화학자들은 1860년에 카를스루에에서 열렸던 국제 화학회의에서 이를 논의했고, 수소 1그램과 반응하는 물질의 양을 그 물질의 상대적 원자량으로 하기로 결정했다. 따라서 산소의 원자량은 16이 되었다.

1894년에 수소 1그램, 또는 산소 16그램 안에 들어 있는 원자의 수를 1몰mole이라고 처음 부른 사람은 독일의 화학자 빌헬름 오스트발트Wilhelm Ostwald였다. 몰은 분자라는 뜻을 가진 독일어 Molekül(molecule)에서 따왔다. 1960년에 열린 제11차 국제도량형총회에서는 탄소-12 원소 0.012킬로그램 안에 들어 있는 원자의 수를 1몰로 정의했다. 따라서 탄소-12 1몰의 질량이 12그램이 되었다. 1몰은 입자의 수를 나타내는 단위여서 원자뿐만 아니라 분자나 이온의 경우에도 사용할 수 있다.

1몰 안에 들어 있는 분자나 원자의 수가 얼마인지 밝혀진 것은 20세기 초였다. 1827년 영국의 식물학자 로버트 브라운 Robert Brown은 액체에 떠 있는 꽃가루를 현미경으로 관찰하면 꽃가루가 무작위 운동을 계속한다는 것을 발견했다. 이런 운동을 '브라운 운동'이라고 한다. 처음에는 브라운 운동이 생명 활동과 관련 있을 것으로 생각했지만 탄소 분말도 같은 운동을 한다는 것이 알려져 물리학적 연구 대상이 되었다.

브라운 운동의 원인은 액체 분자가 사방에서 입자와 충돌하기 때문이라는 것을 수학적으로 분석해 낸 사람은 아인슈타인이었다. 아인슈타인의 기적의 해라고 불리는 1905년에 물리학의 역사를 바꿔 놓은 세 편의 논문이 발표되었는데 그중의 하나가 브라운 운동을 수학적으로 분석한 논문이었다.

1908년 프랑스의 물리학자 장 바티스트 페랭Jean Baptiste Perrin은 아인슈타인이 수학적 분석을 통해 예측한 분자의 운동을 실험을 통해 증명하는 데 성공했고, 이를 통해 16그램의 산소 기체 안에 들어 있는 산소 원자의 수를 알아냈다. 그는 산소 16

그램 안에 들어 있는 산소 원자의 수를 아보가드로의 법칙을 발견한 아보가드로의 업적을 기리기 위해 아보가드로수Avogadro constant라고 불렀다. 다시 말해, 1몰 안에 포함되어 있는 원자나 분자의 수가 아보가드로수이다. 페랭은 브라운 운동을 측정한 결과를 아인슈타인이 제시한 식에 대입하여 아보가드로수를 계산하기도 했지만, 전기 분해로 물질 1몰을 석출하는 데 필요한 전하(1패러데이)를 전자 하나의 전하로 나누어 아보가드로수를 알아내기도 했다. 그가 알아낸 아보가드로수는 6.02×10^{23}이었다.

원자량은 원자 1몰의 질량이므로, 원자 하나의 질량에 아보가드로수를 곱한 값이다. 따라서 원자 하나의 질량을 알기 위해서는 원자량을 아보가드로수로 나누면 된다. 예를 들어, 원자량이 12인 탄소-12 원자 하나의 질량은 0.012를 아보가드로수로 나눈 값이다. 12가 아니라 0.012를 아보가드로수로 나누는 것은 원자량이 원자 1몰의 질량을 킬로그램이 아닌 그램으로 나타낸 값이기 때문이다.

원자의 질량을 나타내는 '원자 질량 단위unified atomic mass unit'에는 원자론을 제안한 영국의 화학자 돌턴의 이름에서 따온 돌턴dalton(Da)이 있다. 1돌턴(Da)은 탄소-12 원자 하나의 질량의 12분의 1인 $1.66053906660 \times 10^{-27}$킬로그램이다. 따라서, 수소 원자 하나의 질량은 1돌턴이고, 산소-16 원자 하나의 질량은 16 돌턴이며, 우라늄-238 원자 하나의 질량은 238돌턴이다.

(탄소-12 원자 하나의 질량)(kg)

= [(탄소-12의 원자량)(g)×1/1000]÷아보가드로수(N_A)

1돌턴(Da)=(탄소-12 원자 하나의 질량)÷12

2018년 국제도량형총회에서는 $6.02214076×10^{23}mol^{-1}$을 아보가드로수로 정했다. 아보가드로수가 정의 상수가 된 것이다. 따라서 탄소-12 원소 12그램 안에 들어 있는 원자의 수를 측정해서 얻은 값이 아보가드로수가 아니라, 이제 아보가드로수만큼의 탄소-12 원자의 질량이 탄소의 원자량이 되었다.

조용하게 살았던 아메데오 아보가드로

아보가드로의 법칙과 아보가드로수에 이름을 남긴 아메데오 아보가드로Amedeo Avogadro는 1776년 이탈리아 북부의 토리노에서 태어났다. 법률학을 공부하고 법률가로 활동하다 독학으로 수학과 물리학을 공부한 그는 1809년부터 이탈리아 북서부 베르첼리에 있는 리세오 고등학교에서 수학과 물리학을 가르쳤으며, 1820년에는 토리노 대학교Università degli Studi di Torino 물리학과 교수가 되었다.

그가 아보가드로의 법칙을 발표한 것은 리세오 고등학교에 있던 1811년이었다. 프랑스의 화학자 루이 게이뤼삭의 연구 결

아메데오 아보가드로
(1776~1856).

과를 바탕으로 같은 온도, 같은 압력에서는 같은 부피 안에 원자나 분자의 크기와 관계없이 같은 수의 입자가 들어 있다고 주장한 아보가드로의 법칙은 발표 당시에는 사람들의 주목을 받지 못했다. 또한, 아보가드로는 한 가지 원소로 된 분자는 두 개의 원자로 이루어져 있다고 주장했지만, 이 역시 그가 세상을 떠난 후에야 받아들여졌다.

아보가드로는 1820년에 토리노 대학 교수가 되었으나 정치적 사건으로 1823년에 교수직을 잃었다. 이때 대학 당국은 "이 흥미로운 과학자가 연구에 더 집중하도록 과중한 강의 업무를 내려놓을 수 있게 되어 매우 기쁘다"고 논평했다고 한다. 그러나 아보가드로는 1833년에 다시 토리노 대학으로 돌아갔고, 1850

년까지 그곳에서 근무했다. 그는 1837년부터 1841년 사이에 논문집 네 권을 출판했으며 도량형위원회의 위원으로 활동하기도 했다. 뛰어난 연구 활동에도 불구하고 다른 화학자들과 교류하는 것을 좋아하지 않고 조용하게 살았던 아보가드로는 1856년에 토리노에서 눈을 감았다.

카를스루에 국제 화학회의에서 스타니슬라오 칸니차로가 아보가드로의 법칙을 받아들여야 한다고 학자들을 설득한 것은 그가 죽은 지 4년 뒤인 1860년이었다.

*K*cd 시감효능

luminous efficacy

683

빛의 밝기를 감지하는 인간의 시각 능력과 관련된 상수.
진동수가 540×10^{12}헤르츠(Hz)인 단색광을 내는 광원으로부터
단위 입체각(sr)당 도달하는 에너지(W)와 광도(cd)의 비로 정의된다.
그 값은 다음과 같으며, 이에 따라 시감효능을 이용해
광도의 단위인 칸델라(cd)를 정의한다.

$$K_{cd} = 683 \, lm/W = 683 \, cd \cdot sr/W$$

빛의 밝기를 나타내는 방법

온도가 낮은 물체에서는 눈에 보이지 않는 적외선이 방출되지만 온도가 올라감에 따라 가시광선이 나온다. 가시광선도 온도가 낮은 경우에는 파장이 긴 붉은색이나 노란색 빛이 많이 나오고, 온도가 높아지면 푸른색 빛이 많이 나온다. 형광등이나 LED등은 형광물질이나 LED의 종류에 따라 특정한 파장의 빛을 주로 방출한다. 물체가 온도에 따라 어떤 파장의 빛을 얼마나 강하게 방출하는지를 나타내는 그래프가 흑체복사 곡선(306쪽 참조)이다.

그런데 사람의 눈은 파장에 따라서 빛을 감지하는 정도가 다르다. 똑같은 에너지를 가진 빛이라도 녹색 빛을 붉은색 빛보다 더 잘 감지하기 때문에 우리는 녹색 빛을 더 밝게 느낀다. 또한, 똑같은 빛이라도 어두운 환경에서 빛을 보느냐(암소시Scotopic Vision) 밝은 환경에서 빛을 보느냐(명소시Photopic Vision)에 따라 빛의 밝기를 다르게 느끼기도 한다. 사람의 눈이 가장 잘 감지하는, 진동수가 540×10^{12}헤르츠(파장 555나노미터)인 녹색 빛의 명소시 시감도를 1이라고 할 때 다른 파장의 빛의 감도를 나타내는 것이 비시감도比視感度, luminous efficiency function이다. 비시감도가 0.8이라는 것은 같은 에너지일 때 녹색 빛 밝기의 80퍼센트로 느

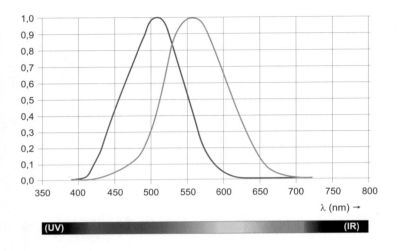

표준 비시감도 곡선. 파란 선은 어두운 곳(암소시)에서의 비시감도,
빨간 선은 밝은 곳(명소시)에서의 비시감도를 나타낸다.
©HHahn/ CC BY-SA 3.0

낀다는 뜻이다. 빛의 파장에 따른 비시감도를 그래프로 나타내면
위와 같다.

이렇게 빛의 파장에 따라 우리가 빛을 감지하는 정도가 다
르기 때문에 사람 눈이 느끼는 광원의 밝기인 광도를 알기 위해
서는 두 가지를 알아야 한다.

첫 번째는 광원이 어떤 파장의 빛을 얼마나 강하게 방출하
느냐 하는 것이다. 레이저와 같이 한 가지 파장의 빛만 내는 경우
도 있지만 대부분의 광원에서는 여러 가지 파장의 빛이 섞여 나

온다. 각 파장의 빛이 지니고 있는 에너지를 와트(W) 단위로 측정하여 합하면 광원이 1초당 방출하는 총에너지가 된다. 이것을 복사선속Radiant flux(또는 복사선량)이라고 한다. 하지만 광원이 내는 총에너지를 나타내는 복사선속만으로는 광원의 밝기를 알 수 없다. 광원이 내는 빛에 시감도가 높은 빛이 많이 포함되어 있으면 밝게 느끼지만 시감도가 낮은 빛이 많이 포함되어 있으면 어둡게 느끼기 때문이다.

따라서 사람 눈이 감지할 수 있는 빛의 밝기를 알기 위해서는 광원이 내는 빛의 세기에 파장에 따른 비시감도를 곱해서 더해야 한다. 이렇게 구한 것을 광선속luminous flux(또는 광선량)이라고 한다. 광선속은 광원이 방출하는 빛 중 사람이 감지할 수 있는 빛의 세기를 나타낸다. 광선속의 크기를 나타내는 SI 단위는 루멘lumen(lm)이다. 빔프로젝터와 같은 영상장치의 밝기를 언급할 때는 안시루멘(ANSI lm)이라는 단위를 사용하기도 한다. 안시루멘은 미국표준협회(ANSI, American National Standards Institute)가 정한 기준에서 측정한 광선속을 나타내기 때문에 측정 조건만 다를 뿐 단위 자체의 의미는 루멘과 같다.

그런데 광원이 내는 빛 중 사람이 감지할 수 있는 빛의 총량을 나타내는 광선속(루멘으로 표시)과 실제로 빛을 관측하는 사람이 감지하는 광선속은 같지 않다. 광원에서 나온 빛이 모든 방향으로 흩어질 때도 있고, 플래시처럼 한 방향으로만 보내질 때도 있기 때문이다. 따라서 관측자가 느끼는 밝기를 알기 위해서는 관측자에게 얼마나 많은 광선속이 도달하는지를 알아야 한다.

입체각을 이해하면 관측자에게 도달하는 광선속을 알 수 있다. 각도를 나타내는 단위에는 원의 각도를 360도로 나타내는 도(°)외에 라디안radian(rad)이 있다. 1라디안은 원의 반지름과 같은 길이의 호에 대한 중심각을 나타낸다. 원주의 길이는 반지름의 2π배이므로 180도는 π라디안이고, 360도는 2π라디안이다.

라디안과 비슷한 방법으로 구에서 입체각을 나타낼 때 사용하는 단위가 스테라디안steradian(sr)이다. 1스테라디안은 구의 반지름의 제곱과 같은 크기를 가지는 면적의 입체각을 나타낸다. 원의 표면적은 $4\pi r^2$이므로 표면적 전체의 입체각은 4π스테라디안이다.

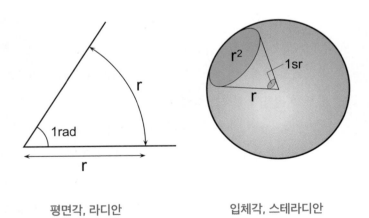

평면각, 라디안   입체각, 스테라디안

원의 중심에 있는 점광원으로부터 빛이 나오는 경우 입체각이 같은 면적에 도달하는 광선속은 거리에 관계없이 일정하다. 단위 면적당 도달하는 광선속(이것을 '조도'라고 한다)은 거리 제곱에 반비례해서 작아지지만 1스테라디안당 도달하는 광선속은 거리에 따라 변하지 않는다. 1스테라디안당 도달하는 광선속이 바로 '광도光度, luminous intensity'이며, 그 크기를 나타내는 SI 단위가 칸델라candela(cd)이다. 빛이 모든 방향으로 균일하게 방출되는 경우에는 칸델라로 표시된 광도에 4π를 곱하면 루멘으로 나타낸 광선속이 된다. 단위 면적당 도달하는 광선속인 조도照度, illuminance의 SI 단위는 럭스lux(lx)이다. 빛의 밝기와 관련된 용어와 단위를 정리하면 다음과 같다.

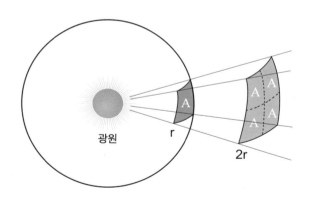

입체각은 면적을 중심으로부터의 거리 제곱으로 나눈
값이므로 파란색으로 나타내진 면적의 입체각은 같다.

빛의 밝기와 관련된 단위들

복사선속 광원이 내는 복사선의 총에너지를 와트(W) 단위로
　　　　　나타낸 것이다.

광선속 광원이 내는 빛 중 사람이 감지할 수 있는 에너지의 총량.
　　　　　단위는 루멘(lm)이다.

광도 1스테라디안의 입체각에 도달하는 광선속. 단위는 칸델라(cd)
　　　이다. 기본적으로 광원의 밝기를 나타내므로 광원으로부터의
　　　거리에 따라 달라지지 않는다.

　　　칸델라(cd)=루멘(lm)/스테라디안(sr)

조도 단위 면적당 도달하는 광선속. 단위는 럭스(lx)이다.
　　　점광원에서 나오는 빛의 경우 조도는 거리 제곱에 반비례해서
　　　줄어든다. 럭스(lx)=루멘(lm)/면적(m²)

광도의 단위 칸델라와 시감효능

1루멘이나 1칸델라의 값은 어떻게 정해질까? 1967년에 개최된
제13차 국제도량형총회에서는 백금의 녹는 온도(1768℃)와 같은
온도의 흑체 60만 분의 1제곱미터에서 방출하는 빛의 광도를 1
칸델라라고 정의했다. 광도에는 사람의 눈이 감지하는 정도를 나
타내는 시감도라는 생물학적 변수가 포함되어 있기 때문에 다른
단위들을 이용해 정의하기가 어렵다. 따라서 표준 광원 하나를
정해 놓고 그 광원의 광도를 1칸델라로 하자고 약속한 것이다.

　　1979년에 개최된 제16차 국제도량형총회에서는 광도의 단
위인 칸델라도 다른 단위들을 기초로 정의하기로 하고, 진동수가

540×10^{12}헤르츠인 단색광이 1스테라디안당 $\frac{1}{683}$와트의 에너지를 방출할 때의 광도를 1칸델라라고 정의했다. 따라서 모든 방향으로 균일하게 진동수가 540×10^{12}헤르츠인 단색광을 1와트의 세기로 방출한다면 이 광원의 광선속은 683루멘이고, 광도는 $\frac{683}{4\pi}$칸델라이다. 683이라는 숫자는 백금의 녹는 온도를 이용해 정의한 칸델라와 새롭게 정의한 칸델라가 같은 값을 나타내도록 하기 위해 정한 상수이므로 특별한 물리적 의미는 없다.

1스테라디안당 도달하는, 사람이 감지할 수 있는 빛의 에너지(W)와 광도(cd)의 비를 나타내는 상수인 683이 시감효능(K_{cd})이다. 이전에는 광도와 에너지를 측정하여 시감효능을 계산했기 때문에 오차가 있는 값이었지만, 2019년 이후에는 오차가 없는 상수가 되었다. 따라서 단위 입체각에 도달하는 사람이 감지 가능한 빛의 에너지를 측정하면 시감효능을 이용하여 광도를 계산할 수 있게 되었다.

국제단위계(SI)

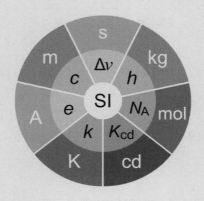

SI는 국제단위계를 뜻하는 프랑스어
Système International d'Unités의 약자이다.
2018년에 개최된 제26차 국제도량형총회에서는 일곱 가지
정의 상수의 값을 먼저 정하고, 정의 상수를 기준으로
다른 단위의 크기를 정하도록 했다.

❶ 일곱 가지 정의 상수

국제단위계의 기초인 일곱 가지 정의 상수는 다음과 같다.

기호	정의 상수	상수의 값
Δv_{Cs}	세슘-133의 바닥상태에서의 초미세 전이 진동수	9,192,631,770Hz
c	진공에서의 빛의 속력	299,792,458m/s
h	플랑크 상수	$6.62607015 \times 10^{-34}$J·s
e	기본 전하	$1.602176634 \times 10^{-19}$C
k	볼츠만 상수	1.380649×10^{-23}J/K
N_A	아보가드로수	$6.02214076 \times 10^{23}$mol^{-1}
K_{cd}	시감효능 (진동수가 540×10^{12}헤르츠인 단색광의 시감효능)	683lm/W

정의 상수들의 값은 실험을 통해 측정된 값이 아니라 정해진 값이어서 앞으로 이루어질 더 정밀한 측정에 의해서도 달라지지 않는다. 단위의 기본이 되는 정의 상수들이 이렇게 복잡한 수치로 나타내지는 것은 이 상수들을 기초로 하여 정해진 기본단위의 크기가 이전까지 사용하던 기본단위의 크기와 일치하게 하기 위해서이다. 다시 말해, 새로운 정의에 의해 기존의 측정값들이 변하지 않도록 하기 위해서이다.

❷ SI 기본단위

일곱 가지 정의 상수를 바탕으로 단위의 크기를 정하기 전에는 일곱 가지 기본단위의 크기가 먼저 결정되고, 이를 바탕으로 유도단위의 크기 정해졌으므로 기본단위와 유도단위의 구별이 필요했다. 그러나 일곱 가지 정의 상수를 바탕으로 하는 새로운 체계에서는 기본단위나 유도단위 모두 정의 상수로부터 유도할 수 있으므로 기본단위와 유도단위의 구별이 사실상 필요 없다. 그러나 기본단위와 유도단위를 구별해 온 전통과 그런 구별의 유용성 때문에 지금도 기본단위와 유도단위를 구분하고 있다. 일곱 가지 기본단위는 다음과 같다.

물리량	기호	단위의 명칭	단위의 기호
시간	t	초	s
길이	$l, r, \cdots$	미터	m
질량	m	킬로그램	kg
전류	I, i	암페어	A
온도	T	켈빈	K
물질의 양	n	몰	mol
광도	Iv	칸델라	cd

일곱 가지 기본단위의 크기는 다음과 같이 정해졌다.

시간: 초(s)

1초는 바닥상태에 있는 세슘-133의 가장 낮은 두 에너지 준위 사이에서 전자가 전이할 때 방출하는 복사선이 91억 9263만 1770번 진동하는 데 걸리는 시간을 나타낸다. 수많은 동위원소들 중에서 세슘-133을 기준으로 삼은 것은 측정의 편리성과 세슘-133을 사용해 온 전통 때문이다.

길이: 미터(m)

1미터는 진공 상태에서 빛이 1초 동안 진행한 거리의 2억 9979만 2458분의 1로 정의된다. 즉, 빛이 진공 속에서 2억 9979만 2458분의 1초 동안 진행한 거리가 1미터이다. 이때 1초는 세슘-133을 이용해 정한 시간이다. 오랫동안 지구의 크기를 바탕으로 만든 미터원기를 1미터의 기준으로 삼았던 것은 지구의 크기가 자연에 존재하는 가장 보편적인 길이라고 생각했기 때문이었다. 그러나 지구는 우주에 존재하는 수많은 천체 중 하나이므로 지구를 기준으로 한 길이 단위는 자연의 성질에 기초한 것이 아니라 인위적인 것이다. 그에 비해, 진공에서 빛의 속력은 우주 공간의 성질을 나타내는 상수이다. 미터원기가 빛의 속력으로 바뀐 것은 길이의 단위가 우주적인 보편성을 갖게 되었음을 의미한다.

질량: 킬로그램(kg)

1킬로그램은 플랑크 상수(h)의 값을 $6.626 \times 10^{-34} kg \cdot m^2/s$이 되도록 하는 질량의 크기를 나타낸다. 이전에는 1킬로그램을 킬로그램원기의 질량으로 정했고, 플랑크 상수는 이 정의를 이용해 실험적으로 결정했다. 그러나 새로운 정의에서는 플랑크 상수의 값을 먼저 결정하고 이를 바탕으로 1킬로그램의 크기를 정한다. 이로 인해 마지막으로 남아 있던 킬로그램원기라는 인위적인 단위의 기준도 자연의 성질을 나타내는 기본상수를 바탕으로 정의할 수 있게 되었다.

전류: 암페어(A)

1암페어는 기본 전하(e)의 값이 $1.602176634 \times 10^{-19} C$이 되도록 하는 전류의 크기로 정의되었다. 다시 말해 도선의 단면적을 1초 동안에 $6.241509074 \times 10^{18}$개의 전자가 지나갈 때의 전류의 크기가 1암페어이다. 이전에는 1암페어의 크기를 같은 전류가 흐르는 두 평행한 도선 사이에 작용하는 힘을 이용해 정의했다. 따라서 힘의 크기 계산에 포함된 공간의 투자율(μ_0)의 값을 먼저 정하고 이를 바탕으로 전자의 전하인 기본 전하의 크기를 실험적으로 결정해야 했다. 그러나 이제 기본 전하의 크기를 바탕으로 실험을 통해 공간의 투자율이 결정된다.

온도: 켈빈(K)

절대온도는 볼츠만 상수(k)의 값을 1.380649×10^{-23}J/K이 되도록 하는 값으로 정의되었다. 이 정의에 의하면 절대온도 1K에 볼츠만 상수를 곱한 값이 1.380649×10^{-23}J이 된다. 이전에는 물의 삼중점의 온도를 273.16K으로 정의했으나 이제 물의 삼중점 온도는 실험을 통해 결정된다.

물질의 양: 몰(mol)

1몰은 물질의 구성 요소의 수가 6.02214076×10^{23}개가 되는 계의 물질의 양으로 정의되었다. 구성 요소는 원자, 분자, 이온, 전자, 또는 입자들의 복합체를 말한다. 이전에는 탄소-12 원소 12그램에 포함되어 있는 탄소 원자의 수를 1몰로 정의했다. 그러나 이제 탄소-12 1몰의 질량은 탄소-12 원자 6.02214076×10^{23}개의 질량을 측정한 값이다.

광도: 칸델라(cd)

1칸델라(cd)는 진동수가 540×10^{12}헤르츠(파장 555나노미터)인 단색광을 내는 광원이 방출하는 에너지가 단위 입체각(sr)당 683분의 1와트(W)일 때의 광도를 나타낸다.

❸ SI 유도단위

유도단위는 기본단위의 곱이나 거듭제곱으로 나타낸다. 유도단 위 중에는 특별한 명칭을 가지는 22개의 유도단위가 있다. 7개의 기본단위와 이 22개의 유도단위가 국제단위계의 기본 골격을 형 성하고 있다. 국제단위계의 모든 유도단위는 이 29개 단위 중 일 부의 조합으로 나타낼 수 있다. 29개의 단위는 모두 정의 상수 일곱 개를 이용하여 정의할 수 있다. 물리량의 종류나 수는 정해 져 있지 않으므로 유도단위의 수도 정해져 있지 않다.

특별한 명칭과 기호를 가진 22개 SI 유도단위

물리량	단위의 명칭(기호)	단위의 정의
평면각	라디안(rad)	$rad = m/m$
입체각	스테라디안(sr)	$sr = m^2/m^2$
진동수, 주파수	헤르츠(Hz)	$Hz = s^{-1}$
힘	뉴턴(N)	$N = kg \cdot m/s^2$
압력	파스칼(Pa)	$Pa = N/m^2$
에너지, 일	줄(J)	$J = N \cdot m$
일률, 전력	와트(W)	$W = J/s$
전하	쿨롱(C)	$C = A \cdot s$
전압, 전위차	볼트(V)	$V = W/A$
전기용량	패럿(F)	$F = C/V$

물리량	단위의 명칭	단위의 정의
전기 저항	옴(Ω)	$\Omega = V/A$
전기전도율	지멘스(S)	$S = A/V$
자기선속	웨버(Wb)	$Wb = V \cdot s$
자기선속밀도	테슬라(T)	$T = Wb/m^2$
유도 계수, 인덕턴스	헨리(H)	$H = Wb/A$
섭씨온도	섭씨도(°C)	$°C$
광선속	루멘(lm)	$lm = cd \cdot sr$
조도	럭스(lx)	$lx = lm/m^2$
방사능	베크렐(Bq)	$Bq = s^{-1}$
흡수선량	그레이(Gy)	$Gy = J/kg$
선량당량	시버트(Sv)	$Sv = J/kg$
촉매활성도	카탈(kat)	$kat = mol \cdot s^{-1}$

❹ SI 단위와 함께 쓰이는 접두어

SI 단위에 접두어를 붙여 10^{-24}부터 10^{24}까지의 값을 나타낼 수 있다. 접두어를 나타내는 기호와 단위는 붙여 쓴다. 데카(da), 헥토(h), 킬로(k)를 제외한 10진 배수의 접두어는 대문자로 쓰고, 10진 분수의 접두어는 소문자로 쓴다. 질량의 단위인 킬로그램은 SI 단위 중 유일하게 단위의 명칭과 기호에 접두어를 포함하고 있다. 다시 말해 질량의 기본단위는 접두어가 붙지 않은 그램(g)이 아니라 10^3을 뜻하는 킬로라는 접두어가 붙은 킬로그램(kg)이다.

크기	명칭	기호	크기	명칭	기호
10^1	데카	da	10^{-1}	데시	d
10^2	헥토	h	10^{-2}	센티	c
10^3	킬로	k	10^{-3}	밀리	m
10^6	메가	M	10^{-6}	마이크로	μ
10^9	기가	G	10^{-9}	나노	n
10^{12}	테라	T	10^{-12}	피코	p
10^{15}	페타	P	10^{-15}	펨토	f
10^{18}	엑사	E	10^{-18}	아토	a
10^{21}	제타	Z	10^{-21}	젭토	z
10^{24}	요타	Y	10^{-24}	욕토	y

❺ SI 단위와 병행 사용이 인정된 단위

단위 중에는 국제단위계에 속하지는 않지만, 널리 사용되고 있으며 앞으로도 계속 사용될 것으로 예상되는 단위들이 있다. 따라서 국제도량형위원회는 국제단위계에 속하지 않는 일부 단위를 국제단위계와 병행하여 사용할 수 있도록 했다. SI와 함께 사용이 인정된 단위들은 다음과 같다.

물리량	단위 이름	기호	정의
시간	분	min	1min=60s
	시간	h	1h=3600s
	일	d	1d=86400s
길이	천문단위	au	1au=149,597,870,700 m
평면각	도	°	$1°$
	분	'	$1'=(\frac{1}{60})°$
	초	''	$1''=(\frac{1}{60})'$
면적	헥타르	ha	$1ha=10^4m^2$
부피	리터	l, L	$1L=10^{-3}m^3$
질량	톤	t	$1t=10^3kg$
	돌턴	Da	$1Da=1.66053886×10^{-27}kg$
에너지	전자볼트	eV	$1eV=1.60217653×10^{-19}J$
음량	데시벨	dB	1dB

부피 단위인 리터의 기호는 소문자 l과 대문자 L 모두 사용 가능한데, 숫자 1과 구분할 필요가 있을 때는 대문자 L을 쓴다. 질량의 단위인 톤tonne(t)은 야드파운드법의 톤ton(t)과 구별하기 위해 일부 영어 사용 국가에서는 메트릭 톤metric ton(mt)으로 쓴다.

단위 기호를 표기하는 방법도 정해져 있다. 단위를 나타내는 기호는 소문자로 표기하는 것이 원칙이지만 기호가 고유명사에서 유래한 경우에는 첫 글자를 대문자로 쓴다. 단위 기호는 문장에 사용된 다른 글자체와 관계없이 정자체를 사용한다. 단위를 나타내는 기호는 약자가 아니므로 문장의 마지막에 오는 경우를 제외하고는 기호 끝에 마침표를 쓰지 않는다.

단위 기호는 복수 형태로 쓰지 않으며, 물리량의 크기를 나타내는 수치와 단위는 띄어 쓴다. 예를 들면 1m나 1kg처럼 표기하지 않고 1 m나 1 kg처럼 표기한다. 단, 각도의 단위인 °는 수와 단위를 띄어 쓰지 않는다. 섭씨온도의 기호인 ℃는 숫자와 기호를 띄어 써야 한다. 소수점은 마침표를 찍어서 표시하고, 여러 자리의 수는 읽기에 편리하도록 3자리씩 묶어 빈칸으로 나누어 쓸 수 있다. 국제도량형총회의 지침과는 별도로 우리나라 국립국어원 띄어쓰기 규정에서는 단위를 나타내는 기호를 숫자와 함께 쓸 경우 1m, 1kg과 같이 붙여 쓰는 것을 허용하고 있다. 따라서 국내용 문서에서는 붙여 써도 되고 띄어 써도 되지만, 국제적인 문서인 경우에는 숫자와 단위를 띄어 써야 한다.

〈이미지 출처〉